동물원 동물은 행복할까?

이 책은 환경과 나무 보호를 위해 재생지를 사용했습니다.
환경과 나무가 보호되어야 동물도 살 수 있습니다.

Wild Animals in Captivity
ⓒ 2008 Rob Laidlaw
Wild Animals in Captivity first published by Fitzhenry & Whiteside Limited 2008

All rights reserved.
This Korean edition was published by Bookfactory Dubulu Co. Ltd in 2011.
By arrangement with Fitzhenry & Whiteside Limited in Ontario and Pubhub Literary Agency in Seoul.

동물원 동물은 행복할까, Rob Laidlaw, 박성실, ISBN : 978-89-97137-01-5 (03490)

이 책의 한국어판 저작권은 Pubhub 에이전시를 통한 저작권자와의 독점 계약으로
도서출판 책공장더불어에 있습니다. 저작권법에 의해 한국 내에서 보호를 받는 저작물이므로
무단 전재와 무단 복제를 금합니다.

동물원 동물은 행복할까?

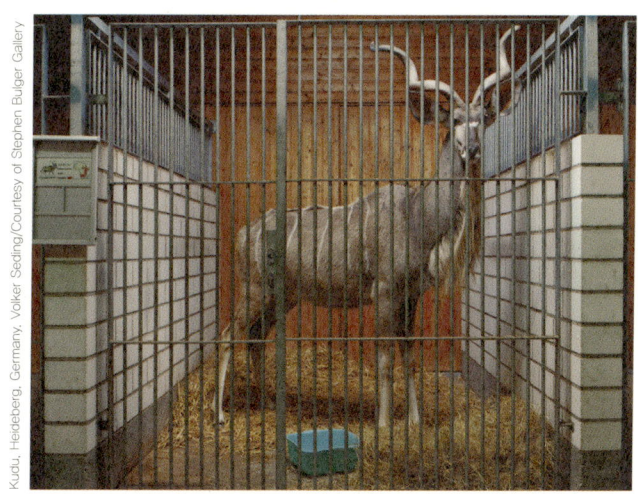

Kudu, Heideberg, Germany, Volker Seding/Courtesy of Stephen Bulger Gallery

책공장더불어

추천사

은빛 자작나무상 노미네이트(2009)
(2009 Silver Birch Award)

학교도서관신문 최고의 책(2008)
(School Library Journal's Best Books 2008)

펜실베이니아 학교도서관사서협회 청소년 부문 톱 40(2008)
(Pennsylvania School Librarians Association YA Top Forty 2008)

오래전 처음 만났을 때부터 지금까지 로브 레이들로는 동물을 위해 지치지 않고 활동하고 있는 동물보호 활동가이다. 특히 이 책은 다양한 사례와 적절한 사진을 통해 동물원의 야생동물을 대하는 방식과 환경이 어떤 것이 나쁘고, 어떤 것이 좋고, 어떤 것이 가장 좋은지에 대해 공정하게 평가해 놓았다. 이 책은 독자들이 동물원의 야생동물에게 어떤 환경이 가장 적절한지 판단할 수 있도록 지식을 제공하는 현실적인 실용서이다. 또한 동물원에서 비참한 생활을 하고 있는 불행한 야생동물을 돕기 위해 독자들이 어떤 행동을 해야 하는지에 대해서도 친절하게 알려 준다.

제인 구달(제인구달협회 설립자, UN 평화대사)

이 책은 전 세계 동물원의 운영 방식에 반대하는 열정적인 책으로 잘 연구된 논거를 제시한다. 책에서 강력하게 제기한 문제들은 어린이와 어른 모두의 가슴 속에서 공명할 것이다.

학교도서관신문 2008년 최고의 책 선정

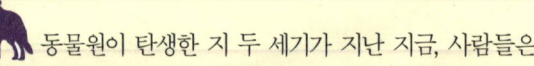

동물원이 탄생한 지 두 세기가 지난 지금, 사람들은 이제야 동

물원의 야생동물에 대해 집중하기 시작했다. 그런 시대 분위기 속에서 이 책은 정직하고 쉬운 말로 동물원에 대해 이야기해 주는 귀중한 책이다. 악셀 문테는 "야만적이고 잔인한 짐승은 창살 뒤에 있지 않다. 창살 앞에 있다."고 말했다. 저자는 이 말의 의미가 무엇인지 잘 설명하고 있다.

조너선 밸컴(《즐거움, 진화가 준 최고의 선물》 저자)

로브 레이들로는 동물원에서 끔찍한 고통을 겪고 있는 동물을 위해 많은 사람들이 노력하고 있는데도 여전히 동물들은 고통을 겪는 현실에 대해 글을 쓰는 좋은 저자이다. 특히 자연 속에서 사는 동물의 삶과 동물원 안에서 사는 동물의 처참한 삶을 극명하게 비교하면서 극적으로 전개되는 이 책은 어린이, 청소년에게 약자의 아픔을 함께 느끼고, 그들의 권리를 위해 어떤 실천이 필요한지 알려 준다.

잉그리드 뉴커크(동물을 윤리적으로 대하는 사람들(PETA, People for the Ethical Treatment of Animals) 대표)

이 책은 동물 문제를 다룬 책 가운데 매우 중요한 책이다. 로브 레이들로는 책을 통해 동물원에 갇혀 있는 동물이 자유에 대한 갈망을 지닌 지각 있는 생명체라는 것을 균형 잡힌 시각으로 잘 보여 주고 있다. 사람과 마찬가지로 동물도 자기에게 일어나는 일에 대해 다 생각하고, 어떤 것이 더 좋은지에 대한 관점과 느낌도 있다. 사실 많은 사람들이 현재의 동물 복지가 훌륭한 수준이라고 말하지만 결코 훌륭하지 않다. 동물원에 갇힌 동물들은 물론 실험 동물, 축산 동물 등 우리와 함께 사는 동물의 복지에 대해 아직도 우리는 할 일이 많다.

우리가 사는 이 세상을 조금 더 많은 연민이 깃든 조금 덜 잔인한 곳으로 만들 수 있는 한 가지 길은 어린이를 잘 가르치는 것이다. 즉 교육이 중요한데 바로 이 책이 그 일을 해냈다. 어린이들은 미래를 위한 특사이다. 우리가 다른 생명체에 대한 연민의 발자국을 늘려갈수록 어린이들이 더 나은 세상에서 그들의 소망과 꿈을 이뤄 갈 수 있을 것이다. 나는 전 세계 뿌리와 새싹(Roots & Shoots) 모임과 함께 이 책을 널리 나눌 것이다.

마크 베코프(콜로라도 대학교 생태학 및 진화생물학 석좌교수, 동물에 대한 윤리적 처우를 위한 동물행동학자들(Ethnologists for the Ethical Treatment of Animals)의 제인 구달과 공동 설립자, 《생명사랑 십계명》 공동 저자, 《동물의 감정》, *Animals Matter*, *Animals at Play : Rules of Game* 저자)

꽤 호소력이 큰 책이다. 독자들이 동물원에 가서 동물을 객관적으로 바라보고, 동물이 원하는 것이 무엇인지를 생각해 보기를 부탁하고 있다. 많은 동물원이 돈을 벌기 위해 앞뒤가 맞지 않는 말로 둘러대는 것에 대해 이 책은 명쾌하게 반박하고 있다. 동물원을 찾는 관람객뿐만 아니라 동물원 운영자들도 깊게 생각해 봐야 할 문제를 쉬운 말로 묻고 있는 것이 이 책의 미덕이다.

데이비드 핸콕스(*A Different Nature* 저자, 전 미국 애리조나-소로나 사막 박물관 동물원장)

새로운 세대는 지금 세대와 다른 눈으로 동물원을 봐야 할 때이다. 이런 책을 젊은이들이 더 빨리 접할 수 있었다면 이 책에 등장하는 코끼리 매기의 고통이 훨씬 더 빨리 끝났을 것이다. 동물원의 역할에 대해서 다시 생각하게 하는 책이다. 나이와 상관없이 모든 사람들이 반드시 읽어야 한다.
시민단체 매기의 친구들

이 책은 내가 지금껏 읽은 동물원에 관한 어린이 책 중에서 가장 훌륭한 책이다. 동물원에 가기 전에 이 책을 읽을 수 있다면 그보다 더 교육적인 일은 없을 것이다. 또한 어린이들이 동물원의 진실을 알기를 바라는 모든 부모와 선생님들도 반드시 읽어야 할 책이다.
제프리 무세이프 매이슨(When Elephants Weep, Dogs never lie about love, The Pig Who Sang to the Moon 저자)

인간과 지구를 나누고 사는 생명에 대한 공감, 연민, 존중을 가르쳐 주는 책이다. 저자는 동물의 영혼과 본질에 대해 이야기하고 있는데 긴 관찰을 통해 야생에 있는 동물과 갇혀 지내는 동물의 삶을 아주 뚜렷하게 비교하고 있는 것이 특징이다. 이 훌륭한 책은 모든 연령의 독자들에게 갇혀 지내는 수많은 동물의 끔찍한 고통과 더불어 동물의 아름다움도 전해 책을 통해 가슴으로 느끼고 머리로 이해하며 새로운 깨달음에 다다르도록 이끌어 준다. 결국 책을 통해 고통받는 동물의 삶을 나아지게 만들기 위해 우리가 어떤 실천을 해야 하는지를 배우게 된다. 이 책은 지금까지 읽은 야생동물과 동물원 동물을 다룬 책 중 으뜸이다. 저자가 들려주는 명확한 정보와 힘 있는 메시지는 많은 이들에게 퍼져 나갈 것이다.
엘리엇 M. 카츠(수의사, 동물을 보호하는 사람들(IDA, In Defense of Animals) 회장)

🐎 어린이들에게 자기가 보고 있는 것을 그대로 받아들이기보다는 의문을 가지라고, 창살 뒤편에 있는 존재의 눈으로 갇혀 지내는 삶을 바라보라고 호소하는 최초의 책이다. 많은 동물원의 문제가 무엇인지를 깨닫고 그것을 바로잡으려면 어떻게 해야 하는지 알려 준다. 이 책은 야생동물 보존이라는 틀이 아니라 단순하게 동물의 신체적·감정적 측면에서 야생동물을 가두는 것이 과연 필요한지 의문을 제기한다. 동물의 눈이 만족감으로 빛날 때 비로소 우리는 할 일을 다한 것이다.

질 로빈슨(아시아동물재단(Animals Asia Foundation) 설립자 겸 대표)

🦍 충실한 조사 연구를 바탕으로 한 동물원 동물 복지에 관한 훌륭한 입문서이다. 이 책은 어린이, 청소년이 동물원 동물을 봤을 때 야생동물은 야생에서 살아야 하지 않을까란 생각을 하게 만들 것이다.

루이스 응(동물에 관한 연구 및 교육 협회(ACRES, Animal Concerns Research and Education Society) 대표)

🦏 자연적인 세계가 빠르게 사라지고 있는 이때, 야생동물을 대하는 우리의 태도를 왜, 어디에서, 어떻게 바꿔야 하는지에 대한 시의적절하고 중요한 시선을 제공한다. 실제 이야기와 사진을 곁들여 쉽게 몰입해서 읽을 수 있는 공정하고 균형 잡힌 평가를 제공한 것도 중요하다. 동물원을 방문하는 누구에게나 나이에 상관없이 이 책을 쥐어 주고 싶다.

앤 루손(《우림의 오랑우탄 마법사들과 그들의 생각 속으로 다가가기》 저자)

야생동물을 가둬서 야기되는 문제점을 쉽고 재미있게 설명했을 뿐만 아니라 독자들에게 동물원 동물을 도울 수 있는 방법을 제공하는 실용적인 책이다.
데이브 잇삼(세계동물보호협회(WSPA ; World Society for the Protection of Animals) 야생동물 부장)

이 책은 동물원 동물의 복지 상태를 측정할 수 있는 능력을 어린이, 부모, 선생님에게 제공함으로써 동물원 방문을 또 다른 수준으로 이끈다. 우리가 동물원에서 보는 귀여운 아기 동물에게 무슨 일이 일어나는지, 과연 멸종위기에 처한 동물이 동물원에서 보호되는 것이 맞는지, 동물원 동물은 어떻게 돌봄을 받는지 균형 잡힌 공정한 시각을 통해 접근하고 있다.
이런 내용을 담은 책은 지금까지 없었다. 동물원에 가서 동물 보기를 좋아한다면 반드시 읽어야 할 책이다.
배리 켄드 매케이(조류 전문 화가)

드디어 어린이와 청소년에게 동물원 동물의 삶에 대해 진실 그대로 이야기해 주는 책이 나왔다. 저자는 상식적인 눈으로 야생동물은 야생에 있어야 한다고 주장한다. 동물원의 진실에 대해 많이 알려 주는 이 책을 동물원 관계자들은 좋아하지 않을 것이다. 하지만 우리가 처참하게 감금해 놓은 동물이 섬세한 정신 세계를 가진 생명체이고 그들의 고통을 외면하지 않기 위해 많이 알아야 한다는 것을 이 책은 알려 주고 있다.
데브라 프로베(밴쿠버 휴먼 소사이어티(Vancouver Human Society) 대표)

저자 서문

내가 처음 가본 동물원은 어린 시절 찾아갔던 토론토에 있는 리버데일 동물원이다. 도시 중심에 있는 리버데일 동물원은 커다란 나무가 많은 언덕배기에 자리 잡은 오래된 동물원이다. 1894년에 문을 열었는데 시설은 그 이후 그다지 변하지 않았다.

원숭이와 유인원들은 낡은 유인원관의 작은 우리 안에 전시되어 있었다. 유인원은 창살 뒤에서 슬픈 얼굴을 하고 있었다. 아메리카에 서식하는 살쾡이인 와일드캣와 곰들은 육식동물관의 콘크리트 우리 안에 있었다. 얼룩말, 낙타, 사슴은 먼지 날리는 울타리 안 야외 전시장에 있었고, 새는 날아다닐 공간이 전혀 없는 우리 속에 갇혀 있었다.

나는 쇠창살, 두꺼운 유리 뒤편, 콘크리트로 마감된 방에서 혼자 앉자 있던 등에 은빛색 털이 나 있는 우두머리 수컷 고릴라인 실버백 한 마리가 기억이 난다. 방에는 고릴라가 타고 올라가거나 가지고 놀 만한 것이 아무것도 없었다. 고릴라가 너무 슬퍼 보여서 나는 고릴라의 슬픔을 함께 느끼고 싶어 고릴라의 눈을 오랫동안 쳐다봤다. 혹시 야생에서 붙잡혀서 가족과 생이별을 하게 된 것인지, 얼마나 오랫동안 창살 뒤편에서 살고 있는지 궁금했다.

대부분의 아이들이 그렇듯이 나는 야생동물에게 흠뻑 빠져 있었다. 그래서 많은 책을 찾아서 읽었다. 야생동물이 자연적인 서

City of Toronto Archives

1920년대의 리버데일 동물원

식처에서 어떻게 살아가는지, 어떻게 먹이를 찾아서 먹고, 무슨 대화를 나누고, 어떻게 가족들을 돌보고, 어떤 놀이를 하면서 함께 노는지, 하루를 어떻게 보내는지에 대해서 알게 되었다.

그런데 동물원의 야생동물은 책에서 배운 야생동물과 전혀 달랐다. 동물원의 동물들은 책 속의 동물처럼 이런저런 행동을 하며 살지 않았나. 그야말로 아무것도 하지 않았다. 동물원 동물은 대부분 그저 우리 바깥을 멍하니 응시하며 앉아 있을 뿐이었다.

나는 리버데일 동물원을 예닐곱 번 정도 갔다. 가족과도 가고, 친구와도 갔지만 갈 때마다 마음이 좋지 않았다. 항상 그곳의 동물들이 가엾다는 생각이 떠나지 않았기 때문이다.

현재 나는 동물보호단체 주체크 캐나다 Zoocheck Canada의 책임자로 온갖 종류의 동물원을 탐방한다. 주체크 캐나다는 갇혀 지내는 야생동물의 복지를 지키기 위해 1984년에 설립되었다. 내가 하는 일은 갇혀 지내는 야생동물의 삶이 나아지도록 동물원을 규제하고, 좀 더 좋은 법을 제정하도록 정부를 설득하는 것이다.
　내가 하는 또 다른 일은 야생동물을 가둬 놓는 일 자체에 의문을 제기하는 것이다. 동물원의 구시대적이고 잔혹한 관행은 사라져야 하기 때문이다. 나는 작고 황량한 우리 속에 야생동물이 살고 있는 길거리 동물원처럼 가장 나쁜 동물원도 다니고, 야생동물이 자연적이고 흥미진진한 서식처에서 살고 있는 애리조나-소노라 사막 박물관이나 저지 동물원처럼 가장 좋은 동물원에도 다닌다. 이렇게 20년 이상 동물원을 조사하고 연구하고 캠페인 활동을 해오면서 야생동물은 야생에서 사는 것이 가장 좋으며, 대부분의 동물원은 문을 닫아야 한다는 확신을 갖게 되었다. 그래서 지금 이 순간 동물원에 갇혀서 지내는 야생동물에게 더 나은 삶을 주기 위해 우리가 할 수 있는 일이 무엇인지 말하고 싶었다. 우리에게도 책임이 있기 때문이다.
　이 책은 야생동물을 가둬 두는 것의 문제점과 그 문제를 바로잡기 위한 여러 가지 아이디어에 대해 이야기한다. 갇혀 지내는 야생동물의 삶에 대해 좀 더 알게 되면 동물원과 동물원에 갇힌 야생동물을 새로운 관점에서 바라볼 수 있을 것이다.
　알면 질문이 생긴다. 이 책을 읽은 다음 동물원을 방문하면 이

Rob Laidlaw

런 질문을 하기 시작할 것이다. 저 기린은 돌아다닐 수 있는 충분한 공간이 있나? 저 북극곰은 날씨가 이렇게 덥고 습한데 고통스럽지 않을까? 저 사자들은 왜 왔다갔다할까?

 바로 이런 질문이 동물원에 갇혀 지내는 야생동물의 삶을 향상시키는 첫걸음이라는 것을 기억하자. 그리고 이런 변화가 내 희망을 살찌운다. 내가 희망하는 세상은 모든 야생동물이 생명 그 자체로 존중받는 세상이다.

차례

Leopard, Usti, Czech Republic, Volker Seding/Stephen Bulger Gallery

추천사 4
저자 서문 10

1장 동물원의 삶
두 마리의 갈색 도마뱀 18
자연스런 행동 22
돌아다닐 공간 26
할 일 30
행복한 삶? 34
동물의 5대 자유 37

2장 가두기 어려운 동물
북극곰 40
코끼리 44
고래 케이코 이야기 48
유인원 52

3장 동물원의 종류와 문제점
동물원의 종류 58
동물원의 진화 61
동물원 혁명 64
동물원의 번식 프로그램 66
공립 동물원 68
몰입 전시관 70
잘 자, 유피! 73
길거리 동물원 74

4장 미래의 동물원
완다와 윙키 이야기 82
미래의 동물원 86

5장 우리가 할 일
동물원 환경을 점검하는 체크 리스트 96
동물원 야생동물을 돕는 10가지 방법 100

세계 동물보호단체 104
찾아보기 105
역자 후기 108

일러두기
이 책은 '반려동물'이라는 단어 대신 '애완동물'을 사용한다.
집에서 키우는 야생동물, 희귀동물을 반려동물로 볼 수 없기 때문이다.

1장 동물원의 삶

두 마리의 갈색 도마뱀
자연스런 행동
돌아다닐 공간
할 일
행복한 삶?
동물의 5대 자유

두 마리의 갈색 도마뱀

몇 년 전 네가라 동물원을 탐방하기 위해 말레이시아 쿠알라룸푸르로 떠났다. 네가라 동물원은 약 13만 평 규모의 거대 동물원으로 포유류, 조류, 파충류, 양서류, 어류 등 400여 종, 5000마리 이상의 동물을 전시하고 있다. 이곳에서 작은 갈색 도마뱀 두 마리를 만났다.

첫 번째 도마뱀은 공원 벤치에 앉아 있는 내게서 불과 몇 걸음 떨어지지 않은 거리에 있는 돌담 위에 앉아 있었다. 얼핏 봐서는 어떤 종류의 도마뱀인지 알 수 없었다. 도마뱀은 15분 동안 분주히 돌아다녔다. 멈춰 서서 이곳저곳을 쳐다보다가 갑자기 힘차게 뜀박질을 하기도 하고, 담장과 나무를 기어 올라갔다가 풀쩍 뛰기도 했다. 한 방향을 향해 쭉 나아가다가도 방향을 휙 바꿔서 다른 곳을 향해 뛰기도 하고, 벌레를 잡기도 했다.

잠시 후 나는 두 번째 도마뱀을 만났다. 첫 번째 도마뱀과 똑같이 생겼는데 몸길이가 대략 20센티미터이고 등에는 옅은 줄무늬가 있었다. 그런데 이 도마뱀은 첫 번째 도마뱀과는 달리 작은 수족관처럼 생긴 전시 공간 안에 있었다. 전시 공간의 크기는 도마뱀 몸길이의 고작 두 배 정도였고, 그 안에는 두서너 개의 나뭇가지와 돌 하나가 들어 있었다. 나는 처음 만난 도마뱀을 봤을 때처럼 도마뱀을 15분 동안 지켜봤다. 하지만 도마뱀은 달리지도 기어오르지도 뛰어넘지도 않았다. 그저 가만히 있었다.

도마뱀 같은 작은 동물도 자연스럽게 움직이고 행동할 수 있는 충분한 공간과 자극이 필요하다.

 같은 도마뱀의 삶이 이토록 다를 수 있다니. 첫 번째 만난 도마뱀은 자연적인 서식지에서 어디로 갈지 무엇을 먹을지 언제 쉴지를 스스로 결정하면서 환경을 탐험하느라 항상 바빴다. 하지만 갇힌 도마뱀은 달랐다. 소란스런 사람들의 무리 때문에 멍한 채 작은 공간에서 혼자 아무것도 하지 않고 시간을 보내고 있었다. 동물원 도마뱀의 삶은 자연적인 도마뱀의 삶이 아니었다.

갇힌 삶

갇혀서 살아간다는 것은 어떤 의미일까? 동물원에 사는 물고기, 도마뱀, 새, 돌고래, 고릴라, 그밖에 다른 야생동물에게 갇힌 삶이란 사람들에게 전적으로 의존해야 하는 삶을 뜻한다. 동물의 사는 모습을 결정하는 사람은 동물원 소유주, 관리자, 사육사들이다. 얼마나 깊게 헤엄칠지, 얼마나 높게 날지, 얼마나 멀리 걸을지, 무엇을 먹고 언제 먹을지를 모두 그들이 결정한다. 심지어 동물이 누구와 친구가 되고 누구와 짝을 맺을지도 그들이 결정한다.

이런 결정은 종종 동물의 필요에 의해서가 아니라 동물원의 크기와 각각의 동물이 방문객을 얼마나 끌어들이느냐에 따라 결정된다. 하지만 이런 식의 결정은 갇혀 지내는 야생동물에게 고통만 준다. 동물원 동물의 좀 더 나은 삶을 위해 그들이 야생에서 살 때처럼 자연적이면서 다양한 경험을 제공해야 한다.

동물원은 대부분 구입하거나 직접 번식시킨 동물을 소유하고 있다. 그런데 법은 대부분 동물원의 동물을 토스터 기계나 테니스 라켓처럼 소유주의 사유재산으로 인정한다.

Zoocheck Canada

자연스런 행동

자연환경에서 사는 야생동물을 연구하는 과학자들의 연구 결과를 통해 우리는 야생동물이 매우 다채로운 삶을 살고 있음을 알게 되었다. 야생동물은 자연 속에서 살아남기 위해 여러 가지 행동을 하면서 많은 시간을 보낸다. 먹이와 물을 구하러 다니고, 짝을 찾고, 새끼를 키우고, 천적을 피해 다니고, 자신의 영토를 탐험하고 순찰한다. 하지만 그것만으로는 그들의 삶을 설명할 수 없다. 훨씬 더 풍성하기 때문이다. 많은 종류의 동물은 평생 가족 관계와 사회적 연대를 소중히 지켜내며, 유인원, 고래, 코끼리 같은 몇몇 종은 인간과 똑같은 감정을 나누고 표현한다.

자신의 고향 야생에서 동물들은 자기 삶에 대한 통제권을 가진다. 자기 영역을 돌아다니면서 생존을 위한 방법과 지식을 경험하고 익힌다. 이런 과정을 통해 가족도 보살피면서 자연스럽게 살아간다.

하지만 동물원에 갇혀서는 자기 삶의 통제권을 가질 수 없다. 그냥 주어진 삶을 살아갈 뿐이다. 동물원 동물은 대부분 자신의 고향과 닮은 구석이라곤 전혀 없는 전시 공간 안에서 산다. 북극 바다 위의 떠다니는 얼음들판 위가 아니라, 열대 지역의 콘크리트 바닥 위에서 살고 있는 동물원 북극곰에게 한 번 물어보라. 자연스럽게 살고 있는지. 열대여섯 명의 할머니와 이모, 형제자매와 함께 살지 못하고 단 한 명의 동료와 함께 살고 있는 동물원 코끼리에게 물어보라. 자

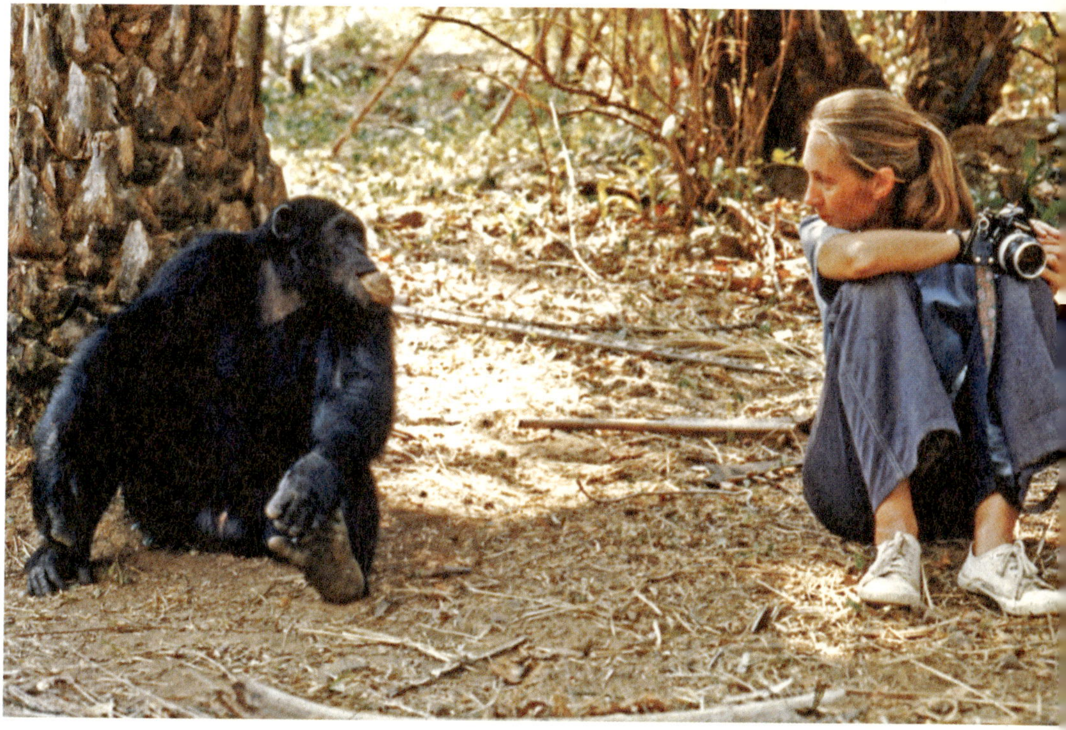

Dereck Bryceson

자연 상태에 사는 야생동물을 연구해 온 현장연구 과학자들은 야생동물의 자연스런 삶에 대해 우리에게 알려 준다. 침팬지 전문가인 제인 구달, 코끼리 전문가인 위니 키루, 이언 더글러스 해밀턴, 신시아 모스, 흑곰 연구의 세계적인 권위자인 린 로저스 등이 그들이다.

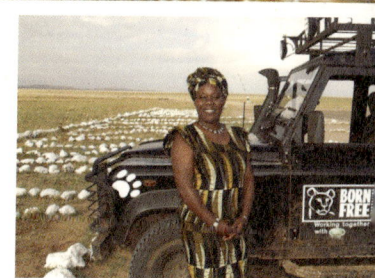

Chris Lowthian/Born Free Foundation

연스럽게 살고 있는지. 얼음들판도 이모 코끼리도 없는 동물원 전시 공간에서 야생동물이 자연스럽게 사는 것이 가능하기나 할까?

자연스럽게 행동할 수 없을 때 야생동물은 병에 걸려 건강을 잃을 수도, 단조로운 환경 탓에 지루한 나머지 비정상적인 행동을 할 수도 있다.

비정상적인 행동

동물원 동물들은 야생에 사는 같은 종의 동물이 결코 하지 않는 이상행동을 많이 한다. 호랑이를 비롯한 많은 동물이 하루 종일 드러누워서 잠만 자거나 원숭이들이 자신의 털을 미친 듯이 뽑아대고 자신의 배설물을 가지고 노는 것은 야생에서는 볼 수 없는 행동이다.

또한 동물원에서는 코끼리가 몸을 앞뒤로 흔들고, 곰이 숫자 8 모양으로 왔다갔다하고, 원숭이가 끊임없이 오르내리고, 돌고래가 끝없이 동그라미를 그리며 헤엄치는 모습을 자주 볼 수 있다. 이런 행동을 스트레스로 인해 무의미한 행동을 반복하는 정형행동 stereotypy, 즉 비정상적 반복행위라고 한다. 이런 행동은 할 일이 아무것도 없는 동물원 동물의 좌절감의 표시이다.

동물원의 야생동물이 몸을 잘 움직이지 않거나 자연스럽지 않게 행동한다면 움직일 수 있는 공간이 너무 비좁거나 그들을 자극할 만한 흥밋거리가 충분하지 않다는 뜻일 수 있다.

동물원 관계자들은 동물원이 교육적인 공간이라고 말하지만 그 주장을 뒷받침할 만한 증거는 거의 없다. 철장 속에 갇힌 동물을 보면서 배울 수 있는 것이 뭐가 있을까? 특히 사진 속 코요테처럼 우리 안을 비정상적으로 왔다갔다하는 경우는 더욱 그렇다.

돌아다닐 공간

동물원의 동물도 야생에 사는 같은 종류의 동물과 같은 방식으로 걷거나 달리거나 기어오르거나 날아다니거나 헤엄칠 수 있는 넓은 공간이 필요하다. 그러나 대부분 매우 작은 공간에 갇혀서 지내고 있다.

야생에 사는 많은 동물은 하루 종일 움직이는데, 그것이 꼭 배가 고프거나 목이 마르거나 쉴 만한 장소가 필요해서가 아니다. 코끼리 전문가인 위니 키루는 코끼리 가족이 쉴 만한 곳이 가까운 곳에 있는데도 불구하고 매일 밤 16킬로미터 이상을 걸어서 자신들이 최적이라고 생각하는 지역으로 이동하는 것을 관찰했다.

캐럴 버클리는 테네시에 있는 은퇴한 코끼리들이 머무는 공간인 코끼리 보호구역의 공동 설립자이다. 그는 코끼리가 가장 좋아하는 웅덩이에서 물 뿌리기 놀이를 하기 위해 꽤 먼 거리를 이동하는 것을 관찰했다. 또한 별다른 이유 없이도 숲속의 일정 구역으로 가기 위해 한참이나 걸리는 거리를 여행하는 것도 관찰했다.

야생동물은 살아남기 위해 튼튼하고 건강해야 한다. 그러므로 이러한 행동은 야생동물의 근육을 단련시키고 뼈를 튼튼하게 만든다. 하지만 야생동물은 인간이 전혀 이해하지 못하는 이유로도 먼 거리를 이동한다. 그렇다면 인간이 이해하지 못한다고 해서 이해할 수 없는 행동일까? 아니다. 인간이 이해하지 못하더라도 이런 행동은 동물에게는 생존과 행복

코끼리는 흙이 아닌 딱딱한 바닥 위에 하루 종일 서 있으면 관절과 발에 염증이 생긴다. 그래서 동물원 코끼리가 발에 생긴 염증 때문에 죽는 일이 해마다 일어난다.

Rob Laidlaw

한 삶을 위해 필요하다.

거의 모든 동물원은 동물이 필요로 하는 것보다 훨씬 작은 전시 공간에 동물을 가두고 있다. 조르디 카사미티아나는 영국 동물원의 코끼리 생활 공간을 조사했다. 조사 결과 동물원 코끼리의 공간은 야생에서 코끼리가 생활하는 공간보다 무려 1000배 이상 작음을 알아냈다. 또한 야생 북극곰은 바다표범을 사냥하기 위해 하루에 50킬로미터에서 100킬로미터를 여행하지만, 동물원은 북극에서의 북극곰 영토보다 무려 100만 배 이상 작은 공간에 북극곰을 가두고 있다.

숨을 곳

야생에서 동물은 몸을 피할 곳이 필요하다. 천적으로부터 도망치거나 새끼를 키울 때, 휴식 등의 이유로 몸을 숨겨야 하기 때문이다. 그런 이유라면 동물원 동물은 숨을 이유가 훨씬 더 많다. 방문객으로 가득 찬 동물원의 낯선 소리와 풍경, 냄새로부터 벗어날 수 있어야 하기 때문이다. 혼자만의 장소로 도망칠 수 없으면 동물들은 불안과 스트레스로 괴로워하고, 그런 이유로 다른 동물이나 사육사에게 기칠게 행동하기도 한다. 스트레스를 받은 동물들은 때로 자해를 하기도 하는데, 예를 들어 손가락이나 꼬리를 씹어서 뼈가 다 드러난 원숭이도 있다.

인도의 동물원. 이곳은 사자가 돌아다닐 수 있는 넓은 공간과 몸을 피할 수 있는 공간이 갖춰져 있다. 동물원이지만 자연과 흡사한 공간과 환경을 갖췄다.

할 일

2005년에 캐나다 앨버타에 있는 밴프 국립공원에서 야생 흑곰 두 마리를 관찰했다. 곰들은 얕은 강바닥 주위를 돌아다니고 있었는데 돌을 뒤집어 보기도 하고 통나무를 잡아당겨 갈라 보기도 하고 물속에서 서로를 쫓아다니기도 했다. 그러다가 강 건너편 기슭을 기어오르더니 꼭대기에서 사라졌다.

곰들은 활력이 넘쳤다. 새로운 지역을 탐험하는 것처럼 모든 것에 흥미를 보였다. 주변의 모든 것을 관찰하고 냄새 맡고 귀기울여 듣고 앞발로 만져보고는 했다. 또한 곰들은 무엇을 할지 어디로 갈지를 선택하느라 의견을 교환하고 환경

콘크리트 우리 안에서 사는 곰에게 삶이란 텅 비고 황량한 것이다.

을 살피느라 바빠 보였다.

그렇다면 동물원 곰은 어떤 행동을 하며 살까? 동물원 곰들은 대부분 작고 황량한 전시 공간 안에서 산다. 곰에게 도전 의식을 불어넣어 주고 자극을 줄 수 있는 것이라고는 아무것도 없다. 그러다 보니 많은 곰들이 결국은 앞뒤로 왔다갔다하는 이상행동을 보이거나 하루 종일 잠만 잔다.

간혹 동물들이 머무는 공간 안에 특별한 구조물이나 각종 시설, 동물용 가구라 불리는 물건 등을 놓아두는 동물원도 있다. 이렇게 흥미를 주려는 노력은 비록 갇혀 있지만 동물의 삶을 좀 더 의욕적으로 만든다. 환경 풍부화 Environmental enrichment라고 부르는 이런 노력 뒤에는 동물에게 탐험해 볼 만한 것과 해결해야 할 도전적인 과제를 제공한다면 갇혀 지내는 동물원 동물도 자연스럽게 움직이고 정상적으로 행동할 것이라는 생각이 깔려 있다. 사회적 동물들이 서로 관계를 돈독히 하고 상호작용할 수 있는 기회를 제공하는 것도 환경 풍부화의 중요한 부분이다.

1980년대부터 동물원은 변화를 겪고 있다. 높은 위치에 사자가 편하게 앉아서 주위를 내려다 볼 수 있는 공간을 마련하거나 곰이 기어오를 수 있는 나무로 된 시설물을 설치했다. 원숭이가 공중그네타기 놀이를 할 수 있도록 나무와 밧줄 사다리를 설치하고, 코뿔소가 들이박으면서 밀어내기 놀이를 할 수 있도록 공중에 커다란 물건을 매달아 놓기도 한다. 하마가 휘저으며 돌아다닐 수 있는 진흙 목욕탕을 설치한 곳도 있고, 몇몇 동물원에는 동물들을 위한 가구와 장난

감도 비치하고 있다.

이처럼 동물들에게 할 만한 것을 제공하는 것은 중요하지만 환경 풍부화가 모든 것을 해결해 주지는 않는다. 자연스러운 행동을 하기에 턱 없이 좁은 공간에 갇혀 살고 있는 동물에게 이 정도의 변화는 큰 도움이 되지 않는다. 좁은 공간에 갇혀 똑같은 장난감과 똑같은 가구를 대한다면 금방 흥미를 잃을 것이기 때문이다. 그나마 환경을 자주 바꿔 주는 것이 도움이 될 수 있다.

가장 좋은 환경은 넓은 공간과 자연 상태 그대로인 환경이다. 그런 곳이라면 굳이 인위적으로 환경 풍부화 작업을 하지 않아도 된다. 이미 동물들은 그곳에서 흥미진진함을 충분히 느낄 수 있기 때문이다. 어딘가 환경 풍부화를 필요로 하는 곳이 있다면 그곳은 동물이 살기에는 너무 좁고 환경이 인공적이라는 의미임을 기억하자.

동물용 가구

동물원 사육사들은 종이 다른 각각의 동물이 자극을 받아 자연스럽게 행동할 수 있는 환경을 만들기 위해 노력해야 한다. 큰 시설물은 물론 동물용 가구 animal furniture 라고 부르는 물건을 창의성을 발휘해서 찾아내야 한다. 전 세계 동물원에서 공통적으로 본 동물용 가구는 산처럼 쌓은 전나무, 통나무 더미, 바위 더미, 낙엽 더미, 모래상자, 관 모양의 파이프, 둥지, 해먹, 나무로 된 링, 발톱을 긁을 수 있는 장대, 스프링클러, 작은 나무통, 갖고 놀 수 있는 공, 도로 공사 등에 쓰이는 원뿔형 표지판, 두꺼운 종이상자, 자동차 바퀴, 얼음 덩어리, 동물 사체와 가죽, 동물 냄새, 방향제, 동물 소리, 뿌려 놓은 씨앗, 막대 아이스크림 및 간식거리 등이다.

Wisconsin Black Bear Educational Center

곰의 흥미를 자극하는 우리. 곰의 흥미를 유발하기 위해 자연적인 구조물과 시설로 채웠다.

행복한 삶?

　동물원에 갇힌 야생동물도 행복한 삶을 살 수 있을까? 물론 절대로 야생과 같을 수는 없다. 야생의 흥미진진함을 동물원은 감히 따라갈 수 없기 때문이다. 하지만 종에 따라서는 동물원의 노력이 더해진다면 몸과 마음에 병 없이 건강하게 지낼 수도 있다.

　그러려면 동물원이 무엇보다 동물 복지를 중요한 과제로 여겨야 한다. 영양가 많은 음식, 신선한 물, 수의학적 보살핌은 당연한 것이다. 그보다 훨씬 어려운 일은 갇혀 지내는 동물들이 야생동물과 똑같이 행동할 수 있도록 기회를 제공하는 것이다.

　동물원 동물의 삶의 질이 좋은가 나쁜가를 어떻게 알아볼 수 있을까? 우리는 동물 복지에 관한 '동물의 5대 자유'에서 그 답을 찾을 수 있다. 동물 복지에 관한 '동물의 5대 자유' 개념은 농장 동물을 보호하기 위해 영국에서 1960년대에 시작되었고, 이후 전 세계 국가, 동물단체가 야생동물 복지를 가늠하는 기준으로도 사용하고 있다.

동물원에 갇힌 야생동물은 야생에서 느끼는 행복감을 느낄 수 없다. 하지만 야생에서 살 때처럼 행동할 수 있도록 기회를 제공하는 동물 복지 개념을 도입하면 갇힌 동물의 삶도 나아질 수 있다.

Rob Laidlaw

Rob Laidlaw

애리조나-소노라 사막 박물관에 있는 사막 서식지에서 동물의 5대 자유를 즐기고 있는 야생 멧돼지 페커리.

동물원 동물의 5대 자유

동물 복지 개념에 따르면 갇혀 지내는 동물도 행복감을 느끼려면 다음의 5대 자유가 필요하다. 5대 자유를 동물원 동물에게 구체적으로 어떻게 적용할지 알아보자.

1. 목마름, 배고픔, 영양실조로부터의 자유

동물에게 영양가 있는 음식과 신선한 물을 제공해야 한다.

2. 불편함으로부터의 자유

동물에게 쾌적한 온도에서 쉴 만한 장소를 제공해야 한다.

3. 고통, 부상, 질병으로부터의 자유

동물이 질병에 걸리지 않거나 질병에서 벗어날 수 있도록 적절한 보살핌과 치료를 제공해야 한다.

4. 정상적인 행동을 표현할 수 있는 자유

동물에게 넓은 공간과 호기심을 자극할 수 있는 풍부한 환경을 제공해야 한다.

5. 공포와 고통으로부터의 자유

동물이 숨을 수 있는 공간이 제공되어야 하며 동물을 존중하는 태도를 지닌 사육사가 있어야 한다.

2장 가두기 어려운 동물

북극곰
코끼리
고래 케이코 이야기
유인원

Lynn and Donna Rogers

동물 가운데 북극곰, 코끼리, 고래, 유인원은 특히 동물원 생활에 맞지 않다. 이 동물들은 살아가는 데 광대한 공간이 필요하고, 그들의 도전 정신을 자극하는 특별한 환경이 필요하기 때문이다. 또한 갇힌 곳에서 한두 마리 같은 종과 사는 것이 아니라 대가족과 함께 살아가야 하는 경우도 있다.

북극곰

야생 상태의 북극곰

바다표범 한 마리가 두꺼운 북극해의 얼음 위에 뚫린 구멍 옆 가까이에서 쉬고 있었다. 바다표범은 눈이 흩날리고 얼음 조각이 둥둥 떠다니는 바다를 바라보고 있었다. 그런데 갑자기 북극곰 한 마리가 뒤에 있던 눈 더미에서 나타나 바다표범을 빠르게 덮쳤다. 깜짝 놀란 바다표범은 신속하게 가까이

북극곰에 대하여

활동 공간 _ 북극해 주변의 얼음을 집으로 삼고 살아간다. 북극곰이 사는 곳의 온도는 겨울에는 영하 40도까지 기온이 떨어지고, 여름에는 영상 10도까지 올라간다. 아이슬란드 면적의 두 배나 되는 광활한 면적을 활동 공간으로 삼아 살고 있다.

몸무게와 키 _ 수컷 곰의 몸무게는 300~600킬로그램, 일어섰을 때의 키는 3미터나 된다. 암컷 곰은 수컷 몸크기의 절반 정도이다. 갓 태어난 새끼 곰의 몸무게는 600그램이다.

몸의 구조 _ 북극곰은 북극의 추운 날씨에도 살 수 있도록 몸의 구조가 갖춰져 있다. 하얀색 털 밑의 검은색 피부는 태양으로부터 열을 잘 흡수하고 간직하며, 피부 아래에는 두꺼운 지방층이 있어 추위를 잘 견딘다. 털가죽은 이중으로 되어 있는데 안쪽 털은 부드러운 데 반해 겉털은 길고 속이 비어 있어서 열을 빼앗기지 않는다. 북극곰은 기온이 영상 10도 이상 높아지면 체온과다 현상을 겪기 시작한다. 체온과다 현상은 몸에서 발산되는 열이 밖으로 배출되지 못하고 축적되면서 체온 상승을 유발하는 현상이다. 사람은 땀을 흘리고, 개는 혀를 통해 열을 방출하지만 북극곰은 몸의 구조가 몸의 열을 밖으로 빼앗기지 않도록 되어 있어서 체온과다 현상이 나타난다.

가족 생활 _ 어미 곰은 11월과 12월 사이에 한두 마리의 새끼를 낳는다. 어미 곰은 2년 정도 새끼와 함께 생활하다가 독립시킨다. 독립한 곰은 홀로 사냥하며 생활한다.

보존 상황 _ 북극곰은 현재 지구온난화와 환경오염, 사냥, 그 밖의 다른 위험 요소 때문에 종족 보존에 위협을 받고 있다.

있는 구멍 속으로 미끄러져 들어갔다.

바다표범을 덮친 북극곰은 머리로 눈 더미를 밀면서 눈치 채지 못하게 살금살금 다가오느라 거의 한 시간을 보낸 터였다. 첫 번째 시도에서 실패한 곰은 좌절하지 않고 이번에는 바다표범이 들어간 구멍 옆에 앉아서 기다리기 시작했다. 바다표범이 조만간 공기를 들이마시러 얼굴을 내밀 것을 알기 때문에 참을성 있게 앉아 있는 것이다.

15분쯤 흐른 뒤 결국 곰은 바다표범을 잡았고, 바다표범 고기 30킬로그램을 포식한 후 얼음기슭을 향해 떠났다. 북극곰은 둥둥 떠다니는 얼음 위를 여기저기 옮겨 다니다가 물 속으로 미끄러져 들어가 거대한 발을 이용해 헤엄치기도 했다. 마침내 얼음기슭에 다다른 곰은 꼭대기로 기어올라가 발로 눈을 긁어모아 다지더니 그 속에 들어가 잠을 잤다.

멀리 떨어진 곳에서는 어미 곰과 새끼 곰 두 마리가 눈에 띄었다. 어미 곰은 이곳에서 남쪽으로 100킬로미터 떨어진 곳에 있는 보릴 숲에서 새끼를 낳은 후 석 달 동안 새의 알이나 바다표범, 과일을 먹으며 지냈을 것이다. 하지만 한여름의 열기가 북극해의 얼음을 녹여 버리면 바다표범을 더 이상 사냥할 수 없다. 어미 곰은 바다표범을 사냥하기 위해 다시 얼음이 얼기 시작하는 가을까지 기다려야 한다. 그것이 야생에서의 북극곰의 삶이다.

동물원의 북극곰

이른 아침이지만 북극곰은 열대의 태양이 뿜어내는 열

기에 벌써 더위를 느꼈다. 북극곰은 3년 전에 북극에서 엄마를 잃고 인간에게 붙잡혀서 열대 지역 동물원으로 실려 왔다.

　태양을 피하기 위해 곰은 그늘진 곳으로 가서 콘크리트 바닥에 네 다리를 쫙 펴고 누웠다. 뜨겁고 습한 날씨가 기승을 부렸다. 북극곰의 흰색 털은 초록빛으로 얼룩덜룩했다. 겉털 안쪽에서 녹조류가 자라고 있기 때문이다.

　시간이 지나 우리 안의 그늘이 사라지자 곰은 일어나더니 앞뒤로 왔다갔다하기 시작했다. 곰은 한쪽 방향으로 걷다가 고개를 들어 방향을 돌리더니 반대 방향으로 걷기 시작했다. 그렇게 북극곰은 우리 안에서 똑같은 행동을 반복했다.

인도네시아 동물원에 살고 있는 북극곰. 열대지역의 뜨겁고 습한 기후 때문에 북극곰의 겉털 사이에 녹조류가 자라고 있다.

코끼리

야생 상태의 코끼리

　14마리로 이루어진 코끼리 가족이 관목과 나무 잎사귀, 나뭇가지를 먹으며 강을 따라 천천히 움직였다. 할머니, 엄마, 딸, 아기, 이모, 형제자매들은 모두 이전에 이 길을 족히 수백 번은 다녀서 이 길에 대해 잘 아는 우두머리 암컷 matriarch의 뒤를 따르고 있었다. 우두머리는 풀을 뜯어 먹기에 좋은 곳, 물길을 찾아가는 가장 안전한 방법, 사람이 사는 마을을 피하는 방법 등을 모두 기억하고 있었다.

코끼리에 대하여

활동 공간 _ 아시아코끼리는 인도, 스리랑카, 인도네시아, 동남아시아의 열대림에 산다. 아프리카코끼리는 아프리카 중부 및 남부의 대초원 지역과 숲속에 보금자리를 꾸린다. 케냐에 서식하는 아프리카코끼리 무리는 약 3천만 평에서 15억 평에 걸친 영토를 돌아다닌다.

몸무게와 키 _ 아시아코끼리 수컷의 몸무게는 약 5톤, 키는 3미터이다. 아프리카코끼리 수컷의 몸무게는 약 6톤, 키는 4미터이다. 두 종 모두 암컷이 수컷 몸 크기의 절반 정도이다.

몸의 구조 _ 코끼리의 몸은 더운 기후에서 드넓은 공간을 이동하기에 적합하도록 발달했다. 커다란 귀 속의 혈관은 체온을 낮추는 역할을 하고, 기둥처럼 생긴 다리와 푹신한 패드가 있는 발바닥은 엄청난 몸무게를 지탱하고 먼 거리를 이동할 수 있도록 도와준다. 코끼리의 지능, 장기 기억력, 애정, 의사소통 능력은 코끼리가 무리 생활을 유지할 수 있는 요소이다.

가족 생활 _ 코끼리 한 무리는 10~15마리의 혈연 가족으로 이루어져 있다. 가족은 암컷으로만 이루어진 모계 가족이며 평생 무리 생활을 하는데, 여러 세대가 함께 살면서 깊은 감정적 연대 의식을 나눈다. 수컷 코끼리는 13살 정도가 되면 총각 무리에 합류한다. 종종 몇몇의 코끼리 무리가 뭉쳐서 함께 이동하기도 한다.

보존 상황 _ 밀렵과 서식처 파괴로 멸종위기에 처해 있다.

Chris Lowthian/Born Free Foundation

아기 코끼리 두 마리는 신나는 모험에 나선 듯했다. 둘은 머리를 맞대기도 하고, 긴 코를 이용해 씨름을 하기도 했다. 물속에 들어가서는 물을 뿌리며 놀고, 상상 속의 적들을 향해 용감하게 귀를 흔들어 대기도 했다. 미끄러운 강둑을 오르내리며 서로 쫓아다니기도 하고, 배를 깔고 미끄럼을 타며 물속으로 들어가기도 했다. 하지만 정신없이 노는 것 같아도 절대로 엄마의 시선 밖으로 벗어나서 놀지는 않았다.

외진 곳에 다다르자 코끼리 무리는 강가를 따라 풍성한 풀을 먹으려고 발걸음을 멈췄다. 몇몇 코끼리는 강물 속으로 뛰어들어가 등에 물을 뿌리거나 목욕을 했다. 쉬거나 놀던 코끼리들은 우두머리가 신호를 보내자 일제히 우두머리를 따라 숲속으로 사라졌다. 서로 대화를 나누느라 큰 소리로 외치기도 하고 소리를 길게 지르기도 하고 종알종알거리기도 하는 떠들썩한 여행이었다. 다음날 이 코끼리 무리는 30킬로미터 떨어진 곳에서 풀을 뜯고 있었다.

동물원의 코끼리

1983년 남부 아프리카에서는 코끼리의 수가 더 이상 늘어나는 것을 방지하기 위해 도태 작업이 진행되었다. 그때 가족이 모두 죽임을 당하고 한 살배기 새끼 코끼리였던 매기만 살아남아 알래스카 동물원으로 팔려 갔다. 매기는 동물원에서 혼자 지내고 있던 아시아코끼리 애너벨과 함께 지내게 되었지만 애너벨이 1997년 발에 염증이 생겨서 죽은 후 혼자 지내고 있다.

여름에는 흙이 다져져 딱딱해진 작은 실외 우리에서 지낸다. 우리 안에는 얕은 물웅덩이가 하나 있을 뿐이다. 알래스카의 긴 겨울 동안에는 45평 정도 되는 실내 우리에 갇혀서 지낸다. 우리는 차가운 콘크리트 바닥으로 되어 있다. 매기는 여러 가지 질환을 앓고 있는데, 과체중에 힘이 없어 잘 걷지 못하고, 피부가 건조해지는 피부 질환을 앓고 있다. 동물원은 매기가 걷기 운동을 할 수 있도록 걷기 운동 기계를 마련했다. 하지만 매기는 한 번도 그 기계를 이용하지 않았다.

2007년 5월에 매기가 우리 안에서 쓰러진 채 발견되었다. 매기는 왼쪽으로 쓰러져 누워 있었는데 일어날 수 없었다. 이 자세는 코끼리에게 매우 위험한 자세이다. 체중이 혈액순환을 막아 호흡곤란을 일으키고,

관절염과 발 염증

동물원에 사는 코끼리에게 가장 흔하게 발견되는 심각한 질환이 바로 관절염과 발 염증이다. 코끼리의 관절염과 발 염증은 운동 부족, 과체중, 딱딱한 흙바닥과 콘크리트 바닥에 서 있기, 차고 습한 생활 환경 때문에 발생한다. 이 두 질환은 모두 코끼리에게 치명적인 감염을 일으킬 수 있다. 야생에 사는 코끼리에게는 나타나지 않는다.

Ludwig Laab/Friends of Maggie

장기와 근육에 손상을 입히기 때문이다. 결국 동물원 사육사, 소방관, 견인 전문 회사가 총동원되어 19시간의 사투 끝에 겨우 매기를 일으켜 세웠다. 그 후 동물원은 사고 재발을 막기 위해 매기를 한 시간 간격으로 지켜보았다. 하지만 이틀 뒤 매기가 또 쓰러졌다. 이번에는 6시간 만에 일으켜 세웠다. 결국 동물원은 매기의 전시관을 폐쇄하고 사육사가 하루 종일 매기를 지키도록 했다.

그러는 동안 '매기의 친구들'이라는 앵커리지의 단체가 동물원에 압력을 가하기 시작했다. 매기를 본래 코끼리가 사는 기후가 온화하고 공간이 넓은 곳으로 보내 다른 코끼리와 함께 지낼 수 있도록 하는 캠페인을 전개한 것이다. 매기의 친구들은 동물원 실무 관계자를 만나고, 매기 살리기 집회를 조직하고, 정부 관계자들에게 편지를 보냈다.

드디어 2007년 11월, 매기의 친구들의 계획은 성공했다. 매기는 온화한 날씨의 캘리포니아 보호구역으로 보내졌고, 현재 매기는 잘 지내고 있다.

Mark Berman/www.keiko.com

고래 케이코 이야기

　세계에서 가장 유명한 고래는 영화 〈프리윌리Free Willy〉의 주인공인 케이코일 것이다. 범고래 케이코의 이야기를 들어 보자.
　바다에 살던 범고래였던 케이코는 1979년 두 살도 채 되지 않은 나이에 사람에게 붙잡혔다. 붙잡힌 케이코는 아이슬란드의 수족관으로 보내졌다. 그곳에서 3년을 보낸 후 케이코는 캐나다 온타리오 주의 나이아가라 폭포에 있는 마린랜드로 실려 갔다. 하지만 마린랜드의 고래들에게 따돌림을 당하고 괴롭힘을 당하다가 1985년에 멕시코시티에 있는 유원지로 다시 팔려 갔다. 당시 케이코의 몸값은 35만 달러였다. 멕시코에서 케이코는 작은 수조에 살면서 묘기 공연을 했다. 당시 수조는 더운 물로 채워져 있었는데 케이코는 살이 많이 빠지고 근육이 약해지고 피부 질환이 생겼다.

1993년 영화 〈프리윌리〉가 개봉되면서 전 세계가 케이코의 고통스런 삶에 대해 알게 되었다. 수천 명의 어린이들이 케이코를 자유롭게 놓아 달라고 편지를 보냈고 캠페인을 벌였다. 샌프란시스코에 있는 환경 단체인 '지구 섬 연구소 Earth Island Institute'는 케이코를 재활시켜 야생으로 되돌려 보내는 거대한 일에 도전했다.

1996년, 마침내 케이코는 비행기에 실려 오리건 해안 수족

범고래 포획

1960년대부터 수백 마리의 범고래가 캐나다, 미국, 아이슬란드, 일본, 러시아의 바다에서 붙잡히고 있다. 범고래 포획 과정은 범고래에게 평생 잊지 못할 상처와 고통을 준다. 범고래들은 고속정에 쫓기다가 그물에 갇힌다. 범고래는 벗어나려고 몸부림을 치며 사투를 벌이지만 곧 물 밖으로 끌어올려져 배 위로 던져진다. 곧 바닷가로 실려 가서 물이 담긴 얕은 수조에 내던져지는 것으로 범고래는 상처의 기억을 안은 채 야생 생활을 끝내게 된다.

관으로 옮겨졌다. 멕시코에서의 10여 년간의 생활이 드디어 끝이 난 것이다. 케이코는 해양 수족관의 거대한 찬물 수조로 옮겨진 후 2년이 지나자 서서히 몸무게가 늘고, 힘도 세지기 시작했다. 피부 질환도 사라졌다. 그곳에서 케이코는 물고기를 잡는 법을 배웠다.

  1998년 아이슬란드의 클래츠비크 바다에 있는 해수 수족관으로 옮겨졌고 그곳에서 차가운 북해의 바닷물, 해류, 바람, 태양, 폭풍우를 경험했다. 케이코는 수족관을 떠나 트래킹 보트를 따라 바다로 나가는 법을 배웠다. 케이코는 바다에서 야생 범고래를 만나 딸각거리는 소리와 휘파람 소리로 대화를 나누는 법도 배웠다.

마침내 케이코는 자유롭게 혼자 헤엄칠 수 있게 되었다. 케이코는 1600킬로미터나 떨어진 섬까지 헤엄쳐서 간 뒤 거기서 다시 노르웨이를 향해 여행하기 시작했다. 노르웨이에 도착했을 때 케이코는 아이슬란드를 떠날 때보다 몸무게가 더 늘어 있었다. 그것은 케이코가 스스로 먹이 사냥을 해서 배불리 먹어 가며 여행하고 있음을 증명했다.

하지만 안타깝게도 2003년 12월 케이코는 갑작스럽게 죽고 말았다. 사인은 폐렴으로 추정되었다. 케이코가 떠나서 사람들은 슬펐지만 그래도 케이코가 죽기 전 4년 동안 자유롭게 드넓은 바다에서 살 수 있었다는 것에 위안을 삼았다.

범고래에 대하여

활동 공간 _ 범고래는 전 세계 모든 바다에 살고 있으며, 활동 영역 또한 모든 바다라고 할 수 있을 정도로 광대하다.

몸무게와 키 _ 수컷 범고래의 몸무게는 6.6톤 정도 되고, 몸길이는 9미터 이상에 이른다. 암컷의 체중은 5.5톤 정도이며, 몸길이는 6.5미터 정도이다.

몸의 구소 _ 매끈한 유선형의 몸체를 지니고 있어서 몇 시간 만에 100킬로미터 이상을 헤엄칠 수 있고, 심해까지 내려갈 수도 있다. 범고래는 뛰어난 지능과 정교한 의사소통 능력 덕분에 거대한 바다에서 가족을 안전하게 지키며 살아간다.

가족 생활 _ 암컷 범고래는 가족 안에서 새끼 범고래를 함께 기르며 평생 함께 산다. 4~5세대에 걸친 50~100마리가 긴밀하게 연결된 가족을 구성한다. 구성원들은 함께 사냥을 하고, 새끼 범고래의 육아를 서로 돕는다.

보존 상황 _ 오염과 어류의 감소로 멸종위기에 처해 있다.

Ian Redmond

유인원

사람을 비롯해 고릴라, 침팬지, 오랑우탄 등의 유인원은 성성이과에 속한다. 모든 성성이과의 동물은 도구를 사용하고, 가족 및 사회적 집단을 구성하며, 의사소통을 하고, 유년 시절이 길고 수명이 길며, 비슷한 감정을 공유한다.

야생 상태의 유인원

열대우림에 앉아 있던 케리 보면 박사는 가지가 밟혀 부러지는 소리와 깊고 쉰 소리가 들린다고 생각하는 순간 자신이 등에 은백색 털이 나 있는 우두머리 수컷 고릴라인 실버백과 얼굴을 마주하고 있음을 깨달았다. 보먼 박사는 혹시 도전적인 태도로 비칠까 봐 겁이 나서 고릴라의 눈을 똑바로 쳐다보지 않았지만 고릴라에게서 힘이 넘치는 존재감과 평화로움을 느꼈다. 그런 상태로 몇 분이 흐른 후 고릴라는 울창한 수풀 속으로 사라져 버렸다.

보먼 박사는 1980년대부터 해마다 콩고민주공화국으로 들어가 야생에 사는 고릴라의 본거지인 카후지-비에가 국립공원에 있는 동부로랜드고릴라를 연구했다. 약 20억 평에 달하는 국립공원의 광대한 숲과 산은 오래 전부터 고릴라가 살던 땅이다.

1990년과 1996년의 연구에 따르면 공원에는 25그룹의 고릴라 가족과 혼자 사는 수컷을 포함해 총 285마리의 고릴라가 살고 있는 것으로 나타났다. 그중에는 한 가족이 28마리의 다양한 연령대의 고릴라로 이루어진 그룹도 있었다.

야생에 사는 고릴라들은 대부분의 시간을 먹을 것을 찾기 위해 활동하며 보낸다. 온 가족은 우두머리 고릴라인 실버백을 따라 나뭇잎, 뿌리, 과일, 새순, 때로는 곤충을 찾아다닌다. 그런데 먹을 것을 찾는 행동은 결코 단순하지 않다. 한가롭게 공원을 거니는 것이 아니라 땅을 파헤치기도 하고, 쿡쿡 찔러보기도 하고, 풀을 잡아당기기도 한다. 나뭇잎을 잡아서 나뭇가지를 부러뜨려 보기도 하고, 수풀과 나뭇가지를 타넘기도 하고, 돌아서 가기도 하고, 뚫고 지나가기도 한다.

보먼 박사가 관찰한 두 마리의 암컷은 먹을 것을 찾아다니는 동안에도 늘 쌍둥이를 데리고 다녔다. 새끼 고릴라는 넉 달이 되기 전에는 어미 등에 업히지 못하기 때문에 어미들이 새끼를 품에 조심스럽게 안고서 숲속을 돌아다닌다.

고릴라들은 매순간 모든 감각을 총동원하여 끊임없이 상황을 분석하고 결정을 내리고 있었다. 나타난 장애물을 어떻게 할까, 어느 나무의 열매가 가장 맛있을까, 어떻게 독사를 피할 수 있을까를 늘 고민하고 결정했다. 다른 고릴라들과 어떻게 하면 잘 어울려 지낼 수 있을까도 고민했다. 고릴라들은 이동하면서도 정보를 전달하고 연락을 주고받으면서 긴밀하게 대화를 하고 있었다.

고릴라에 대하여

활동 공간 _ 고릴라와 침팬지는 아프리카 열대우림과 산림 지역에 산다. 오랑우탄은 수마트라 섬과 보르네오 섬의 열대우림에 산다.

몸무게와 크기 _ 고릴라 수컷은 몸무게는 약 180킬로그램, 키는 약 1.7미터이다. 오랑우탄 수컷은 몸무게는 약 90킬로그램, 키는 약 1미터이다. 침팬지 수컷은 몸무게는 약 60킬로그램, 키는 약 1.2미터이다. 암컷은 수컷보다 작다.

가족 생활 _ 모든 유인원은 가족과 함께 살면서 집단 생활을 한다.

보존 상황 _ 사람을 제외한 모든 유인원은 서식처 상실, 불법 사냥, 벌목 때문에 멸종위기에 놓여 있다.

동물원의 유인원

우두머리 고릴라인 실버백이 콘크리트로 만들어진 나무에 기대 앉아 지푸라기로 발을 찔러 보고 있었다. 고릴라는 잠시 고개를 뒤로 돌려 나를 몇 초 동안 쳐다보더니 다시 지푸라기를 가지고 놀기 시작했다.

고릴라가 전시되어 있는 곳은 한 캐나다 동물원의 아프리카관이다. 무려 600만 달러나 들여서 만든 전시관은 바닥과 벽은 콘크리트로 덮여 있고, 나무 모양의 인공 조형물은 값싼 마감재인 모르타르를 사용해 만들었다. 뒤쪽 벽에는 푸른 하늘에 뭉게구름이 떠다니는 아프리카 풍경 벽화가 그려져 있고, 앞쪽에는 큰 유리창이 있어서 마치 영화 세트장처럼 보였다.

방문했던 많은 동물원 중에서 따뜻한 기후의 동물원은 훨씬 적은 비용으로 진짜 나무, 진짜 큰 풀, 너른 공간이 갖춰져 있어서 고릴라가 좀 더 자연과 가까운 환경에서 전시되고 있었다. 자연과 유사한 환경을 제공한 동물원의 고릴라들은 행동이 좀 더 활동적이고 서로 활발하게 교류하며 지내는 모습을 볼 수 있었다. 반면에 내가 본 가장 열악한 환경은 온통 돌밖에 없는 전시장의 쇠창살 속에 고릴라가 홀로 전시된 경우였다.

3장 동물원의 종류와 문제점

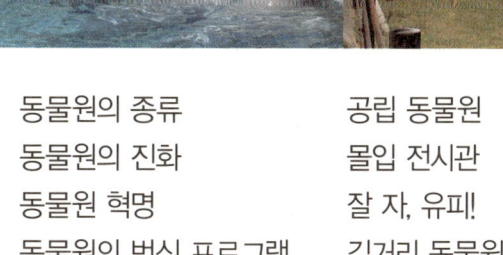

동물원의 종류
동물원의 진화
동물원 혁명
동물원의 번식 프로그램

공립 동물원
몰입 전시관
잘 자, 유피!
길거리 동물원

동물원이란 야생동물을 가둔 채 사람들에게 전시하는 장소이다. 세계 동물원 및 수족관 협회는 1993년 전 세계에 약 1만여 개의 동물원이 있다고 밝혔다. 하지만 온갖 종류의 동물원을 합계에 넣는다면 실제 동물원의 수는 3배를 넘을 것이다. 대부분의 사람들이 알고 있는 동물원은 대형 공립 동물원이지만 그 밖에 많은 곳에서도 수많은 야생 동물이 갇힌 채 전시되어 있다.

동물원의 종류

공립 동물원 Public Zoo

캐나다 토론토 동물원, 미국 뉴욕 브롱크스 동물원과 같은 큰 동물원은 대부분 공공기관으로 정부의 예산을 받아 동물학술단체에서 운영한다. 이런 동물원 중 몇 곳은 번식

야생동물 보호구역과 야생동물 보존 센터

야생동물 보호구역Wildlife Sanctuary은 동물원에 갇혀 지낸 야생동물 중에서 학대를 당했거나 은퇴한 동물들을 모아 남은 삶을 돌봐주는 곳이다. 반면에 야생동물 보존 센터Wildlife Conservation Center는 멸종위기에 처한 동물을 보호하고 번식시킨다. 두 곳 모두 야생동물에게 야생 상태와 가장 비슷한 시설을 갖추려고 노력하고 있다. 야생동물 보호구역과 야생동물 보존 센터 중 몇 곳은 방문하면 둘러볼 수 있지만 동물을 전시해서 돈을 벌 목적으로 개방하는 것은 아니다. 미국의 야생동물보호구역협회는 가장 높은 수준의 동물 복지를 기준으로 삼는다. 예를 들어, 코끼리 한 마리에게는 2,420평의 야외 공간이 제공되어야 하고, 적어도 5마리의 동료 코끼리와 함께 생활해야 한다. 또한 보호구역의 동물은 번식시키지 않으며, 사고팔 수도 없고, 교환할 수도 없다.

프로그램, 동물 관련 연구 활동과 교육 활동에 관여하며, 동물 관리에 대한 표준을 정하는 협회에 소속되어 있다.

야생동물 공원 Wild Animal Park

야생동물 공원은 넓은 공간에서 자유롭게 지내는 야생동물의 모습이 전시되는 형태의 동물원이다. 영국의 힙스네이드 공원은 동물원 면적이 73만여 평에 달하고, 미국의 샌디에이고 야생동물 공원은 200만 평이 넘는 넓은 땅에 자리잡고 있다.

아쿠아리움과 해양 공원 Aquarium and Marine Park

아쿠아리움과 해양 공원은 수생동물을 제한된 규모의 수

조와 물탱크에 가두어 관리하고 전시하는 동물원이다. 많은 곳이 고래, 돌고래, 바다사자의 공연을 하고 있으며, 몇 곳은 동물 관리에 대한 표준을 정하는 협회에 소속되어 있다.

길거리 동물원 Roadside Zoo

길거리 동물원은 시골 도로나 도시 외곽 고속도로 근처에서 운영되는 동물원이다. 길거리 동물원은 개인 사업체로 직접 만든 철장과 우리 속에 적은 수의 동물을 가두고 전시하여 돈을 번다.

사파리 공원 동물원 Safari Park Zoo

사파리 공원 동물원은 차를 타고 동물들의 서식지 안으로 들어가 관람하는 형태의 동물원으로, 주로 아프리카 동물을 주제로 한다. 차 안에 '갇힌' 사람들이 '자유롭게 돌아다니는' 동물을 구경하는 색다른 형태의 동물원이다. 사파리 공원은 주로 개인이 소유하고 있으며 표를 판 수익금으로 시설을 운영하고 있다.

그 밖에 다른 동물원

그 밖에 조류 공원, 파충류 공원, 나비 정원, 곤충관 등의 동물원이 있다.

Zoocheck Canada

동물원의 진화

　내가 처음 취재한 동물원은 리버데일 동물원이다. 동물들은 두꺼운 쇠창살 뒤 작은 우리에 갇혀 있거나 높은 벽으로 둘러싸인 채 황량하게 지어진 인공 동굴 속에 숨어 있었다. 리버데일 동물원은 1894년에 지어진 오래된 동물원이다. 이곳은 동물을 쇠창살로 둘러싸인 콘크리트 우리 속에 가두어 전시하던 동물원의 초기 방식을 그대로 따른 채 전혀 변화가 없었다.

　리버데일 동물원이 처음 생길 때만 해도 동물원 환경이 동물들에게 얼마나 나쁜 영향을 끼칠지 아는 사람이 없었다. 동물원에 갇힌 야생동물이 원래의 자연적인 서식처에서

오늘날에도 많은 동물원은 19세기와 크게 달라지지 않았다. 야생동물은 여전히 쇠창살이 있는 좁은 콘크리트 우리에 갇혀 있다.

는 어떻게 생활하는지 궁금해하는 사람도 없었다. 야생에 사는 동물을 연구하는 제인 구달과 워니 키루 같은 현장 연구 과학자들이 없었기 때문이다.

19세기부터 20세기 초의 공립 동물원은 동물원을 찾는 관람객과 동물원 사육사를 위해 설계된 동물원이지 그곳에 사는 동물들을 위해 설계된 동물원은 아니었다. 사육사가 청소하기에 편리하도록 콘크리트 바닥으로 된 우리를 만들고, 동물원을 찾은 사람들이 동물을 어느 때라도 볼 수 있게 하기 위해 쇠창살로 울타리를 치고 개방된 인공 동굴을 만들어 놓은 것이다. 동물원을 찾은 사람들도 동물이 처한 환경보다는 동물을 보는 것에 만족했던 시절이었다.

창살 없는 동물원

1908년 카를 하겐베크라는 동물매매 중개업자가 독일의 함부르크 근처에 티어파크 하겐베크라는 이름의 사설 동물원을 열었다. 하겐베크는 동물을 구하느라 전 세계 야생 지역을 여러 해 동안 돌아다녔다. 또한 동물을 어떻게 전시하면 좋을까에 대해 고민했고 드디어 새로운 아이디어를 얻었다. 창살 없는 동물원이 바로 그것이다.

티어파크 하겐베크는 창살과 울타리 뒤에 동물을 가두는 대신에 동물들이 머무는 곳 주변에 도랑을 깊게 파고 물을 채운 해자를 만들었다. 성을 지키기 위해 성 주변에 못을 팠던 것과 같은 방식이다. 최초로 시도된 이 방법은 사람과 동물 사이가 물로 채워져 있어서 창살과 울타리 없이도 안전

티어파크 하겐베크 동물원의 시스템을 본뜬 동물원의 오랑우탄 우리. 여전히 콘크리트로 만들어진 나무 모양의 인공 조형물로 가득 차 있다.

했다. 이 획기적인 시스템 덕분에 사람들은 동물을 더 잘 볼 수 있게 되었다. 또한 티어파크 하겐베크 동물원은 콘크리트로 바위와 산을 만들고 벽에 풍경을 그려 넣어 자연 서식지처럼 보이는 착시 효과를 낸 최초의 동물원이기도 하다.

하겐베크의 아이디어가 널리 퍼지기까지 오랜 시간이 걸리기는 했지만 서서히 물로 둘러싸인 개방형 전시 공간으로 바뀌었다. 하지만 여전히 문제는 남아 있었다. 탁 트인 경관을 제공하는 이런 방식이 동물원을 찾는 사람들을 즐겁게 하기는 했지만 동물에게는 별다른 영향을 끼치지 않았다는 것이다. 새로 도입된 전시 공간은 예전의 공간보다는 넓었지만 여전히 야생동물이 활동하기에는 황량하고 좁았다. 이것은 동물원은 사람들을 위한 공간일 뿐 동물의 생존에 필요한 조건을 채워 주는 것에는 관심이 없다는 의미이다.

동물원 혁명

　1920과 1930년대 미국에서 가장 인기 있는 사람 중 한 사람은 프랭크 벅이었다. 날렵하게 다듬은 콧수염과 탐험가 모자를 뽐내는 모험가 벅은 코끼리, 호랑이, 사자, 표범, 원숭이, 파충류, 새 등을 잡으러 남아메리카, 아프리카, 아시아의 밀림을 여행했다. 벅은 세계를 돌아다니며 동물을 잡아서는 배로 실어와 동물원과 서커스단에 팔았다. 프랭크 벅, 카를 하겐베크와 같은 동물매매 중개업자들은 전 세계 어느 곳에서든 원하는 만큼 동물을 포획해서 팔 수 있었다.

　1960년대까지 많은 야생동물이 모피를 얻기 위해 또는 집에서 애완동물로 키울 목적으로 포획되어 사라지자 몇몇 종은 멸종위기에 처하게 되었다. 결국 이런 상황은 야생동물과 식물의 거래를 규제하는 국제협약을 이끌어 냈다. 1973년에 열린 세계보존연맹World Conservation Union 주최 회의에서 21개 국가는 멸종위기종 야생동식물의 국제거래에 관한 협정 CITES에 서명했다. 협정에 의해 보호가 필요한 동물의 명단인 CITES 목록에 올라 있는 야생동물은 수출, 수입이 규제되었다.

　이 협정은 1970년대 동물원에 새로운 변화를 일으켰다. 더 이상 야생동물을 마음대로 구입할 수 없게 되자 동물원은 다른 방법을 찾기 시작했다. 동물원이 이미 소유하고 있는 동물을 통해서 새로운 동물을 얻는 방법이다. 이때부터 동물원의 번식 프로그램이 시작되었고, 오늘날 몇몇 동물원은

흰코뿔소는 1974년에 멸종위기 동물로 CITES 목록에 오른 이후 여전히 자리를 지키고 있다. 현재 CITES 목록에 올라 있는 동물은 5000여 종이다. 2007년에 CITES에 서명한 나라는 170개국 이상으로 늘었다.

동물원 번식 프로그램을 통해 멸종위기 동물을 보호하고 있다고 주장하고 있다.

동물원의 번식 프로그램

몇몇 동물원은 매매가 어려워진 멸종 위기 동물을 동물원에서 번식시키기 위하여 서로 돕고 있다. 미국 동물원 및 수족관 협회의 회원들은 100여 종 이상의 동물 번식 프로그램에 참여하고 있다. 유럽의 동물원도 멸종위기종 번식 프로그램을 운영하고 있고, 오스트레일리아 동물원도 종 경영 계획이라는 번식 프로그램을 운영하고 있다.

그러나 동물원 내에서 이루어지고 있는 번식 프로그램은 야생동물을 보호하기 위한 효과적이고 유용한 보존 방식이 아니다. 이런 프로그램은 대부분 동물원에 전시할 동물을 얻기 위해서 운영할 뿐이다. 아라비아오릭스, 캘리포니아콘도르 같은 소수 종만이 동물원의 번식 프로그램을 통해 야생으로 돌아갔다.

동물원의 번식 프로그램은 오히려 커다란 부작용을 만들어 내고 있다. 새끼가 감당하지 못할 정도로 많이 태어나 동물들이 남아돌고 있기 때문이다. 동물원 번식 프로그램은 대부분 멸종위기종을 번식하는 것이 아니라 이미 많이 존재하는 동물을 생산하다 보니 태어난 동물에게 평생 지낼 만한 곳을 찾아주기가 어렵다. 특히 나이가 들면 공격적인 성격을 갖게 되는 수컷들은 반기는 곳이 없어서 머물 곳을 찾기가 더욱 어렵다.

그래서 동물원들은 번식 프로그램을 통해 태어난 동물 중 남아도는 동물을 다른 동물원에 팔거나 교환한다. 때로는

Rob Laidlaw

1995년, 40개가 넘는 미국 동물원에서 기린을 팔려고 내놓았다. 그러나 어느 공립 동물원도 기린을 사려고 하지 않았다. 결국 몇몇 기린은 동물매매 중개업자에게 팔려 갔는데, 아마도 길거리 동물원이나 다른 나라의 열악한 환경의 동물원으로 팔려 갔을 것이다.

돈을 받고 빌려 주기도 한다. 그것도 안 되면 동물매매 중개업자나 애완동물 매매업자에게 팔아 버린다.

공립 동물원

많은 수의 공립 동물원은 수천 마리의 동물, 수십 명의 사육사, 동물을 치료하는 의료진은 물론 식당, 가게, 동물원 관람 열차로 이루어진 거대하고 다채로운 공간이다. 공립 동물원 중에는 야생동물 번식 프로그램을 추진하는 곳도 있고, 야생 현장에서의 야생동물 보호사업을 돕는 곳도 있다. 인기 있는 동물원은 학생들을 대상으로 단체 견학 프로그램을 운영하기도 하며, 매년 수백만 명의 방문객을 맞이한다.

동물원 규모

많은 공립 동물원은 미국 동물원 및 수족관 협회와 같은 동물원 관련 협회에 소속되어 있다. 협회의 회원이 되려면 기본적인 동물 관리에 관한 협회 기준을 준수해야 하고, 공식적인 감사를 통과해야 한다.

대형 시립 동물원

베를린 동물원(독일)
- 1844년 베를린에 개장
- 5000여 종 14000마리 동물 전시
- 22만 평 규모
- 매년 약 260만 명의 방문객 관람

브롱크스 동물원(미국)
- 1899년 미국 뉴욕에 개장
- 645여 종 6000마리 동물 전시
- 32만 평 규모
- 매년 약 190만 명의 방문객 관람

토론토 동물원(캐나다)
- 1974년 토론토에 개장
- 460여 종 5000마리 동물 전시
- 87만 평 규모
- 매년 약 120만 명의 방문객 관람

Zoocheck Canada

　기본적인 동물 관리에 관한 협회 기준을 따르고 있다는 것은 좋은 일이지만 몇 가지 기준은 과연 동물을 위한 것인지 의심스럽디. 협회 기준에 따르면 코끼리 한 마리를 위한 공간은 50평 정도의 야외 공간만 있으면 된다. 50평은 아홉 대의 자동차를 수용할 수 있는 주차장 크기이다. 또한 코끼리가 한 명 더 있다면 여기에 그 넓이의 절반인 25평만 더 있으면 된다. 협회는 암컷 코끼리 한 마리당 적어도 두 마리의 동료 코끼리를 제공하라고 추천하고 있지만 이 조항 또한 추천 사항일 뿐 강제력은 없다.

콘크리트로 된 돌, 절벽, 나무 모양의 인공 조형물로 채워져 있는 고릴라 전시관. 진짜 나무는 전기가 통하는 전깃줄로 싸여 있어 동물이 건드렸다 가는 전기충격을 받게 된다.

몰입 전시관

최근 들어 많은 동물원이 자연 생태계를 옮겨 놓은 듯한 착각을 일으키게 하는 전시관을 짓고 있다. 아프리카 세렝게티 대초원부터 브라질 열대우림까지, 야생동물이 사는 모습을 그대로 동물원 안에 재현하고 싶어한다. 몰입 전시관 Immersion Exhibition이라고 불리는 이 전시 공간은 방문객이 동물과 함께 야생에 있다고 느낄 수 있도록 의도되었다.

구식 동물원 시절, 사자는 다른 대형 고양이과 동물과 펭귄은 다른 펭귄과 모여 있었다. 사자 전시관 옆에 호랑이 전시관이 있는 꼴이었다. 하지만 몰입 전시관에서는 야생에서 같은 서식지에 사는 동물의 전시관을 모아서 전시한다. 거기에 새 소리, 원숭이 소리 등이 스피커를 통해 나오면 사람들은 진짜 야생에 왔다고 착각할지도 모른다.

수백만 달러가 든 이런 하이테크 전시관이 사람들에게 좀 더 자연스럽게 보일지 모르지만 그렇다고 해도 동물원 동물의 삶이 달라지지는 않는다. 여전히 우리 안 암석은 콘크리트로 만들어졌고, 진짜 나무와 풀은 전기가 통하는 전깃줄로 싸여 있어 동물이 건드렸다 가는 전기충격을 받게 된다. 몇 그루의 진짜 나무와 풀은 콘크리트로 된 가짜 자연물이나 벽을 위장하고 감추기 위해 필요할 뿐이다. 전기충격을 한 번 받은 동물은 다시는 진짜 나무와 풀 근처에 가지 않는다.

Jo-Anne McArthur/Zoocheck Canada

미국 동물원 및 수족관 협회는 동물원 코끼리 한 마리를 위해 50평의 야외 공간만 있으면 된다고 규정하고 있다. 50평은 야생 코끼리가 활동하는 공간보다 수천 배 작다.

잘 자, 유피!

2005년 더운 어느 날, 나는 유피라는 북극곰을 취재하기 위해 멕시코의 공립 동물원으로 갔다. 유피는 1993년 알래스카에서 고아가 된 북극곰이다. 동물원에 도착했을 때 한눈에 유피가 머무는 공간을 알아보았다. 얼음과 눈처럼 보이려고 흰색으로 칠한 높은 벽으로 둘러싸인 우리 안에 유피가 있었다. 유피는 더위에 지친 채 콘크리트 바닥 한가운데 납작 엎드려 있었다. 바닥에서 냉기가 조금이라도 올라오기를 바라면서.

이틀 뒤 유피가 밤을 보내는 숙소를 볼 수 있었다. 유피는 아주 작은 콘크리트 방에 갇혀 있었다. 이곳은 유피가 동물원이 문을 닫는 저녁 5시부터 다음 날 아침 10시까지 지내는 공간이다. 내부는 너무 더웠고, 습기가 가득 차 있었다. 가지고 놀 만한 것은 아무것도 없었고, 누워서 잘 수 있는 깔개도 없었다. 사방이 콘크리트로 막힌 방에는 오직 작은 창살 문 두 개만 있을 뿐이었다.

창살 사이로 유피를 찾아보았다. 유피가 창살 사이로 얼굴을 내밀자 내뿜는 숨결이 느껴졌다. 이 아름다운 동물을 이 작은 우리에 가두다니. 유피에게 미안했다. 그리고 관람 시간이 끝났다고 동물을 작고 황량한 우리 속에 가두는 동물원 시스템에 화가 났다.

동물원이 문을 닫고 나면 북극곰 유피는 작은 창문이 2개뿐인 철문 뒤 작은 콘크리트 방에서 산다.

길거리 동물원

캐나다 온타리오 주 교외에 있는 길에 차를 세웠을 때 느낌이 좋지 않았다. 아마도 그곳에 있는 길거리 동물원 때문이었을 것이다. 말 농장을 운영하는 주인은 자기 땅에 길거리 동물원을 만들어 운영하고 있었다. 집에서 직접 만들었다는 우리는 곧 쓰러질 것 같았다. 그리고 우리 안의 환경도 좋아 보이지 않았다.

동물원 뒤로 가보니 한쪽으로 기울어진 헛간이 보였다. 방충망이 떨어질 듯 매달려 있는 헛간에는 망토개코원숭이 한 마리가 있었다. 원숭이는 옷장만한 철사우리의 뒤쪽 구석에 잔뜩 움츠린 채 있었다. 먼지 묻은 사과 한쪽을 움켜쥐고 있던 원숭이는 내가 말을 걸자 사과 조각을 떨어뜨린 줄도 모르고 나한테 부리나케 다가와 철사 사이로 손을 뻗어 내 손가락을 잡았다. 가까이 들여다 보니 원숭이는 눈이 먼 상태였다.

나는 취재를 마친 후 원숭이의 끔찍한 환경을 동물단체인 휴먼 소사이어티에 알렸다. 그리고 다시 동물원을 찾아갔을 때 원숭이는 보이지 않았다. 원숭이가 어떻게 되었는지 알아내려고 했지만 결국 아무것도 알 수 없었다. 실제로 원숭이가 어떻게 되었는지 알 수는 없었지만 외로웠던 망토개코원숭이가 어떤 일을 당했는지는 짐작할 수 있었다. 해마다 북아메리카 지역 길거리 동물원에 등장했다가 사라지는 수천 마리 야생동물처럼 되었을 것이다.

Zoocheck Canada

캐나다의 한 길거리 동물원에서 만난 개와 사자. 둘은 작고 더러운 우리 안에서 함께 지내고 있었다.

Zoocheck Canada

일본원숭이는 수풀이 우거진 곳에서 큰 군집을 이루고 산다. 하지만 캐나다 온타리오 주의 어느 길거리 동물원에 살고 있는 이 원숭이는 혼자 지낸다. 온타리오 주에서는 누구나 동물매매 중개업자나 야생동물 경매장을 통해서 야생동물을 사서 동물원을 열 수 있다. 호랑이, 원숭이 등 어떤 동물도 상관없고 직접 만든 허술한 우리에 넣기만 해도 바로 동물원이 된다.

참혹한 삶

　길거리 동물원에 살고 있는 동물들은 참혹한 조건에서 살아가고 있다. 길거리 동물원의 우리는 공간이 좁고 조악한 철장으로 만들어져 있다. 야외 전시장이라 비나 눈 등의 궂은 날씨에도 피할 곳이 없다. 청소도 제대로 되지 않아 바닥은 배설물로 진창이다. 밤에 활동하는 야행성 동물이 빛이 훤하게 들어오는 우리에 갇혀 있고, 여러 동물이 함께 지내야 하는 사회성이 강한 동물이 달랑 혼자 지내는 경우도 많다. 그리고 동물의 자연적인 식생활과 거리가 먼 음식물과 깨끗하지 않은 물이 제공된다.

　길거리 동물원을 소유한 사람들은 소유한 동물들의 생태에 대해 잘 몰라서 어떻게 돌봐야 하는지도 모른다. 동물 관리에 대해 교육을 받은 사람도 없고, 쾌적한 환경을 만들기 위해 필요한 돈을 갖고 있는 사람도 거의 없다. 이런 상황인데도 각국의 길거리 동물원 감시는 소홀하다. 사설 동물원의 야생동물 복지를 보호하는 관련 법이 거의 없기 때문이다.

　어느 날 길거리 동물원에서 사람 키 높이의 새장 속에 살고 있는 재규어를 보았다. 새장 모양의 우리는 낡고 비좁고 황량했다. 우리 안의 공간은 재규어의 체구에 비해 너무 비좁아서 재규어는 몸을 둥글게 말아 곧추세우고서야 몸을 돌릴 수 있었다. 작은 우리 안에서 안절부절못하고 끊임없이 발을 움직이는 바람에 흙바닥은 마치 콘크리트 바닥처럼 단단해져 있었다. 이런 열악한 환경은 길거리 동물원에서 흔히 볼 수 있다.

사람도 위험하다

해마다 동물원의 동물이 탈출해서 방문객이나 이웃 주민을 위협하는 일이 발생한다. 이런 상황은 사람뿐만 아니라 탈출한 동물에게도 위험하다. 사살될 수 있기 때문이다. 2007년 5월에는 캐나다 브리티시 콜롬비아 주에 있는 길거리 동물원의 우리에서 탈출한 호랑이에게 한 여성이 물려서 죽었다. 2007년 12월에는 작지 않은 규모의 미국 샌프란시스코 동물원 우리에서 탈출한 호랑이에게 사람 한 명이 죽고 두 명이 다치는 사고도 있었다.

심지어 회색곰과 입맞춤을 하는 서비스를 제공하는 동물원도 있다. 전기가 통하는 전깃줄 사이로 곰이 몸을 뻗어 관람객의 얼굴을 핥을 수 있도록 하는 것이다. 굉장히 위험한 상황인데도 불구하고 위험을 경고하는 사람은 없다. 곰이 물거나 앞발로 후려치면 바로 사망할 수 있는 위험한 상황인데도 말이다.

동물의 과잉 생산

몇 년 전 미국에서 가장 큰 규모의 야생동물 경매장을 취재했다. 경매장은 분주했다. 사설 동물원과 동물매매 중개업자들의 트럭 수백 대가 빽빽이 서 있었고, 거의 만여 마리의 동물이 축사와 텐트 안에 가득 차 있었다. 미니어처 조랑말, 얼룩말, 흑곰, 백호 등 동물의 종류도 다양했다. 중개업자, 길거리 동물원 사장, 희귀한 동물을 애완동물로 키우고 싶어 하는 사람들에게 동물은 최저가에 팔려 나갔다. 이렇게 대규

경매장에 나온 새끼 사자의 운명은 어떻게 될까? 아마도 길거리 동물원이나 누군가의 뒷마당에서 애완동물로 살아갈 끔찍한 미래가 기다리고 있을 것이다. 캐나다 온타리오 주뿐만 아니라 미국과 캐나다의 많은 곳에서 누구나 사자를 애완동물로 살 수 있다. 야생동물인 사자를 사는 데 면허가 필요하지 않은 것은 물론이고 아무런 절차도 필요 없다. 그저 돈만 지불하면 된다. 호랑이는 갇힌 상태에서도 번식이 잘 되기 때문에 애완용 야생동물로 인기가 좋다. 집의 뒷마당이나 지하실에서 살고 있는 애완 호랑이가 미국과 캐나다에만도 15,000마리 정도 될 것이라고 추정하고 있다.

모의 야생동물 경매장이 호황을 누리는 이유는 해마다 야생동물이 너무 많이 태어나기 때문이다. 대규모 동물원을 비롯한 각종 동물원에서 해마다 야생동물이 과잉 생산되고 있지만 태어난 새끼를 보호해 줄 관련법은 거의 없다.

4장 미래의 동물원

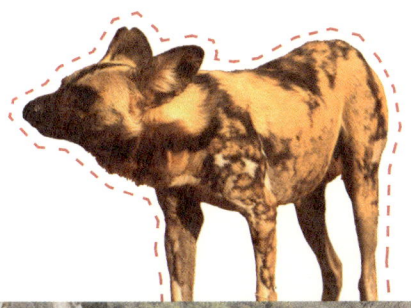

완다와 윙키 이야기
미래의 동물원

완다와 윙키 이야기

2003년 미국 디트로이트 동물원을 처음 방문했을 때 완다와 윙키를 만났다. 아시아코끼리 암컷인 완다와 윙키는 축구장보다 훨씬 작고 먼지가 풀풀 나는 공간에서 어색하게 움직이고 있었다. 한쪽으로 몇 걸음 걷다가 이내 방향을 바꿔서 다시 몇 걸음 걷는 식으로 서성였다. 몸을 앞뒤로 흔들기도 하고 발을 들어서 딱딱한 땅바닥을 긁기도 했다. 완다와 윙키는 야생 코끼리들이 보이는 일반적인 행동을 전혀 하지 않았다. 무엇보다 행복해 보이지 않았다.

당시 완다는 44살, 윙키는 50살이었다. 완다는 매일 약을 먹었다. 앞다리에 관절염을 앓고 있어서 움직일 때마다 아팠기 때문이다. 통증과 부어오른 관절을 다스리기 위해 매일 약을 먹을 수밖에 없었다. 윙키도 발에 염증이 있어서 항생제와 진통제로 치료를 받고 있었다. 윙키는 몸을 눕혔다가 다시 일어설 때면 너무 아파했다. 그래서 밤에 잘 때도 누워서 자지 못했다.

2004년 디트로이트 동물원의 원장인 론 케이건은 완다와 윙키를 위해 결단을 내렸다. 완다와 윙키가 동물원 생활을 너무 고통스러워했기 때문이다. 론 케이건은 완다와 윙키를 동물원에서 은퇴시킨다고 발표했다. 은퇴 후 이 둘을 탁 트인 넓은 공간은 물론 원래 코끼리들이 사는 자연 상태처럼 겨울에도 따뜻하고, 어울릴 수 있는 친구 코끼리가 여럿 있는 평화로운 코끼리 보호구역으로 보내길 원했다.

Performing Animal Welfare Society

완다와 윙키는 현재 행복한 은퇴 생활을 즐기고 있다.

"진정 코끼리를 위하는 일은 그들을 소유하지 않는 것이다."

론 케이건은 동물원 코끼리의 상황을 개선시킬 수 있는 방법은 동물원에서 풀어 주는 것이라고 말했다. 동물원 원장이 결단을 내리자 미국 동물원 및 수족관 협회도 동의했다. 그러자 전국 수백 명의 사람들이 완다와 윙키를 위해 목소리를 내기 시작했다. 그들은 코끼리가 얼마 남지 않은 생애를 동물원이 아닌 곳에서 지내야 한다고 주장하기 시작했고, 마침내 승리했다.

완다와 윙키는 2005년 4월, 캘리포니아 주 산 안드레아스에 있는 ARK2000에 도착해 지금까지 살고 있다. 이곳은 동물원에 갇혀 지내던 야생동물의 보호구역으로 자연 언덕과 울창한 삼림이 펼쳐진 4만 평이 넘는 넓은 공간이다. 이곳에서 완다와 윙키는 땅을 파서 흙먼지를 일으키기도 하고 따뜻한 햇살 아래에서 꾸벅꾸벅 졸기도 한다. 또한 다섯 마리의 아시아코끼리 친구도 생겼다. 완다와 윙키는 처음으로 진짜 코끼리처럼 행동하며 살고 있다. 그리고 윙키는 발의 염증도 다 나아 매일 밤 누워서 잠을 잔다.

기적 같은 이야기는 여기가 끝이 아니다. 2005년 디트로이트 동물원은 코끼리 전시관의 문을 완전히 닫았다. 81년 동안이나 코끼리를 전시했던 동물원이 전시관 문을 닫은 이유는 도시에 있는 동물원 코끼리의 삶이 행복하지 않다고 판단했기 때문이다. 디트로이트 동물원이 결정을 내린 이후 다른 동물원의 여러 코끼리도 동물원을 떠나 야생동물 보호구역으로 옮겨갔다.

  이것이 동물원 변화의 신호탄이 아닐까? 동물원은 야생동물의 복지를 가장 중심에 두고 변화해야 한다. 갇혀 지내는 야생동물도 자유롭게 움직이며 건강하고 행복한 삶을 누릴 자격이 있다. 동물이 필요로 하는 것을 가장 중요하게 여기는 것, 그것이 바로 미래의 동물원이 해야 할 가장 중요한 일이다.

> 동물원은 우리 안의 자비심을
> 들여다 볼 수 있는 창문입니다.
> 또한 인간이 함께 사는 다른 존재를
> 어떻게 대하고 있는지
> 돌아볼 수 있는 곳이기도 합니다.
>
> 론 케이건, 디트로이트 동물원 원장

미래의 동물원

디트로이트 동물원의 코끼리 전시관을 완전히 닫는다는 동물원장 론 케이건의 결정은 동물 한 마리 한 마리의 복지를 돌보는 것이 동물원이 해야 하는 가장 중요한 일임을 알려 준 사건이었다. 또한 미래의 동물원이 나아갈 곳을 향해 큰 걸음을 뗀 것이라고 할 수 있다. 물론 대부분의 동물원은 여전히 과거의 운영 방식을 버리지 못하고 있어서 동물원에 갇혀 있는 야생동물의 고통을 멈추게 하려면 아직도 가야 할 길이 멀다.

다행스럽게도 적은 수지만 좋은 본보기가 될 수 있는 새로운 형태의 시설을 갖춘 동물원과 진보적 동물원이 나타나고 있다. 이 동물원들은 구조되었거나 은퇴했거나 멸종위기에 처한 야생동물에게 자연적인 환경 속에서 쾌적한 삶을 누리게 하는 것이 가능함을 보여 준다. 또한 멸종위기종의 보존은 진정성만 있다면 적은 예산으로도 얼마든지 이루어 낼 수 있다는 것, 야생동물 보호시설이 교육 활동에 중요한 역할을 해낼 수 있다는 것을 보여 준다.

애리조나-소노라 사막 박물관

미국 애리조나-소노라 사막 박물관에는 우리 안을 오가는 이상행동을 보이는 북극곰도 판다도 없다. 왜냐하면 이곳에서는 다른 기후의 지역에서 온 야생동물을 전시하지 않기 때문이다. 세상에서 가장 좋은 동물원이라고 불리는 이

동물원은 애리조나와 캘리포니아에서부터 멕시코까지 펼쳐져 있는 소노라 사막에 원래부터 살고 있던 300여 종의 동물과 1200여 종의 식물을 전시하고 있다. 퓨마, 북아메리카 지역에 사는 살쾡이인 보브캣, 프레리도그, 코요테, 재규어, 큰뿔양, 오소리, 박쥐, 아메리카 지역에만 서식하는 야생 멧돼지인 페커리, 수달, 올빼미 등이 흥미진진한 자연 서식지에서 살고 있다.

Rob Laidlaw

Rob Laidlaw

애리조나-소노라 사막 박물관에 사는 가장 유명한 거주자는 키가 아주 큰 사구아로선인장, 북아메리카에 서식하는 독 있는 도마뱀인 아메리카독도마뱀 Gila monster 이다. 이곳 박물관을 찾은 관람객은 박물관의 주인인 동식물과 친밀하게 상호작용할 수 있도록 마련된 교육 프로그램과 이를 완벽히 이해하고 있는 자원봉사자들의 도움으로 소노라 사막과 자연의 신비로움을 느끼고 돌아간다.

저지 동물원

제럴드 더럴은 시대를 앞서간 사람이다. 더럴은 1959년 저지 동물원의 문을 처음 열었는데 이 동물원은 여느 동물원과는 달랐다. 더럴은 동물원의 목적을 오락 사업보다 멸종위기에 처한 동물을 번식시켜 야생으로 돌려보내는 보존 사업에 두었다. 저지 동물원의 주인은 동물이었다.

제럴드 더럴은 영국해협 채널 제도에 위치한 영국령 저지 섬에 저지 동물원을 열었다. 이곳에 더럴 야생동물 보호 트러스트를 설립해 멸종위기종을 보살핀 뒤 자연으로 돌려보내는 활동을 지속적으로 했다. 1970년 초 분홍비둘기와 모리셔스황조롱이가 멸종위기에 처하자 제럴드 더럴은 이 두 종의 포획 번식과 보존 사업을 벌였다. 저지 동물원은 야생의 분홍비둘기와 모리셔스황조롱이의 수가 증가하도록 도왔고 덕분에 현재 모리셔스황조롱이는 멸종위기 동물 목록에서 제외되었다.

저지 동물원에서는 뛰는들쥐와 미어캣, 아이아이원숭이

등 190여 종의 자생 동물과 외래 동물을 볼 수 있다. 멸종되었다고 알려졌던 세상에서 가장 작은 멧돼지인 피그미호그도 저지 동물원에서는 만날 수 있다. 저지 동물원은 전시 공간을 꾸밀 때 동물이 원래 살던 야생 환경을 기본으로, 동물이 자연스럽게 활동할 수 있도록 흥미진진하고 다채롭게 꾸미는 것을 최우선으로 한다.

Karen Clark

마운틴 뷰 보호번식 센터

　캐나다 브리티시 콜롬비아 주에 있는 마운틴 뷰 보호번식 센터를 방문했을 때 24마리의 리카온이라고도 하는 아프리카들개가 방목장을 가로질러 달리고 있었다. 달리던 아프리카들개는 멈춰 서더니 앉아서 놀기 시작했다. 이곳의 설립자인 고든 블랭크스타인은 아프리카들개가 멸종위기에 처했다는 사실을 알고 번식 작업을 시작했다. 물론 자연으로 돌려보내기 위한 번식 작업이었다.

　고든 블랭크스타인은 이전에도 번식 작업에 성공한 경험이 있었다. 나사뿔영양과 큐비어가젤은 마운틴 뷰 보호번식 센터의 노력으로 성공적으로 번식되어 지금도 아프리카 야생에 잘 적응해서 살고 있다.

　마운틴 뷰 보호번식 센터는 소수의 관람객에게 센터의 동물을 볼 수 있는 기회를 제공한다. 이곳에서 방문객들은 쿨란이라고도 하는 아시아야생당나귀, 아프리카에 서식하는 산림 영양인 마운틴봉고, 인도사막고양이, 밴쿠버 섬에 서식하는 설치류인 밴쿠버마멋 등 멸종위기종으로 지구상에 몇 마리 존재하지 않는 세상에서 가장 희귀한 50여 종의 동물을 볼 수 있다.

중국 곰 구조 센터

　7000마리의 곰들이 작은 철장에 갇혀 중국의 한 농장에서 키워지고 있었다. 전통 한의학에서 약재로 쓰이는 쓸개즙

Animals Asia Foundation

을 공급하기 위하여 길러지고 있는 것이었다. 홍콩에 있는 아시아 동물재단은 쓸개즙용으로 길러지고 있는 곰 200여 마리를 구조해서 중국 곰 구조 센터로 옮겼다. 중국 곰 구조 센터는 눈에 띄는 활약으로 명성을 얻고 있는 세계적인 동물 구조 센터이다.

이곳으로 옮겨진 곰들은 대부분 심각한 건강 문제와 마음의 상처를 안고 있어서 치료하려면 오랜 시간이 걸린다. 이곳 의료진들은 정성을 다해서 동물의 몸과 마음에 생긴 상처를 치유한다. 치료가 끝난 곰들은 넓은 장소로 옮겨지는데 그때서야 비로소 곰들은 달리고 기어오르고 헤엄친다. 태어나서 처음으로 다른 곰과도 논다.

중국 곰 구조 센터는 한 달에 두 번 단체 방문객을 맞아 곰 보호에 대해 알리고 있다. 조만간 방문객을 대상으로 곰의 생태와 현재 곰이 처한 상황에 대해 알리고, 동물을 어떻게 보호하고, 동물을 왜 보호해야 하는지를 알리는 교육 공간을 마련할 계획이다.

코끼리 보호구역

테네시 호헨월드에 있는 코끼리 보호구역은 세계적으로 널리 알려진 코끼리 보호소 중 하나이다. 동물원과 서커스에서 은퇴한 코끼리들에게 영구적인 쉼터를 제공하는 테네시 코끼리 보호구역은 330만 평에 이르는 넓은 땅에 펼쳐져 있다.

이곳은 서커스용 코끼리를 훈련시켰던 캐럴 버클리와 동물원 사육사였던 스콧 블레이스에 의해 1995년에 세워졌다.

Fred Clarke, Used with permission The Elephant Sanctuary in Tennessee

두 사람은 코끼리를 가둔 상태로 돌보고 관리하려면 철저하게 코끼리의 자연적인 요구에 맞춰서 해야 한다는 철학을 가지고 있다. 이 말은 사람의 필요에 의해 코끼리를 다루고 재산으로 인식해서는 안 된다는 뜻이다.

현재 테네시 코끼리 보호구역에는 스무 마리가 넘는 코끼리가 살고 있다. 하지만 이곳을 방문한 사람들은 코끼리를 직접 볼 수 없다. 비디오카메라를 통해서만 보호구역 안에서 자유롭게 생활하는 코끼리의 모습을 볼 수 있다.

코끼리 보호구역에서 자유롭게 생활하는 코끼리들.

5장 우리가 할 일

동물원 환경을 점검하는 체크 리스트
동물원 야생동물을 돕는 10가지 방법

동물원 환경을 점검하는 체크 리스트

　동물원에 갇혀 지내는 야생동물도 자연 상태에서와 비슷한 모습으로 살 수 있어야 한다. 그러려면 꼭 갖춰야 하는 것이 있다. 주위를 어슬렁거리며 탐험할 수 있고, 자유롭게 행동할 수 있는 넓은 공간이 필요하고, 콘크리트가 아닌 부드러운 흙으로 된 바닥, 사람들의 시선과 다른 동물로부터 도망쳐서 숨을 수 있는 혼자만의 공간이 있어야 한다. 이런 요건을 충족시키려면 기본적으로 넓은 땅이 필요하다.

　이 외에도 세심한 많은 것이 동물의 생존을 위해 필요하지만 현재의 동물원 환경은 그렇지 못하다. 야생동물은 넓은 공간에서 자연스럽게 행동하며 살아야 육체적인 건강과 정신적인 건강을 유지할 수 있다. 만약 이런 것이 충족되지 못한다면 동물들은 고통을 겪게 된다. 그래서 동물원에서 고통을 겪는 동물을 위해 우리의 도움이 필요하다.

　세계 곳곳에 있는 수백 개의 동물원을 탐방할 때마다 동물원 동물의 복지 수준을 점검한다. 그리고 질문을 던지기 시작한다. 동물들이 살고 있는 동물원 환경이 어떤지, 동물이 이상행동을 하지는 않는지, 움직일 공간은 충분한지 등에 대해 스스로 질문하고 답하면서 동물원의 복지 수준을 체크한다.

가장 중요한 질문 : 이 동물이 꼭 여기에 있어야 하나?

　동물원이든 어디든 갇혀 사는 동물을 본다면 독자들도 나처럼 여러 가지 질문을 해보면 좋겠다. 그리고 동물들이 살

수 없는 환경이라는 결과가 나온다면 도움을 주길 바란다. 그 중 가장 먼저 해야 하는 가장 중요한 질문은 바로 이것이다.

"이 동물이 꼭 여기에 있어야 하나?"

대부분의 경우 대답은 "아니오."이다. 이 질문에 이어 구체적으로 동물들이 머무는 공간, 육체적·정신적 건강, 기후 환경 등에 관한 중요한 세 가지 질문을 던진다.

인도 강가에 사는 악어인 가비알이 갈 곳도 없고, 할 것도 없는 황량한 우리에 혼자 덩그러니 놓여 있다. 바닥은 흙으로 딱딱하게 다져져 있다.

구체적인 질문 ① 공간

1. 정상적이고 자연스러운 행동을 할 수 없는 비좁은 공간에

서 살고 있는가?
2. 대부분의 시간을 딱딱한 바닥으로 된 우리나 철장 속에서 보내고 있는가?
3. 동물들이 우리 안에 기어오를 수 있는 시설물, 갖고 놀 수 있는 동물용 가구, 호기심을 자극하는 물건이 없는 황량한 공간 속에서 살고 있는가?

　가장 먼저 동물원 동물들이 대부분의 시간을 보내는 공간인 우리에 대한 질문을 해야 한다. 왜냐하면 이 질문을 통해 동물원의 결정적인 문제점을 찾아낼 수 있기 때문이다. 만약 위의 세 가지 질문에 대해 어느 하나라도 "예."라는 대답이 나온다면 그 동물원의 전체적인 동물 복지는 위험한 수준이라고 할 수 있다.

구체적 질문 ② 육체적·정신적 건강

1. 아프거나 부상을 입은 것처럼 보이는가? 털이나 깃털, 비늘이 빠지는 등 건강이 나빠 보이는가?
2. 동물의 발굽, 발톱 혹은 이빨이 지나치게 자랐는가?
3. 움직이지 않고 한 곳에 계속 앉아 있거나 누워 있는가? 또는 하루 종일 잠만 자는가?
4. 이리저리 서성거리거나 몸을 앞뒤로 흔드는가? 물건을 끊임없이 핥는가? 그 외의 비정상적인 행동을 하는가?

　위의 질문에 대해 "그렇다."라는 대답이 하나라도 나온다면 그 동물은 현재 육체적·정신적으로 고통을 당하고 있다는 말이다. 우선적으로 수의사의 치료가 필요하다. 동물들이 이런 행동을 하는 이유는 좁은 공간과 아무것도 할 일이 없는 단조로운 환경 때문이다.

구체적 질문 ③ 기후 환경

1. 열대우림 지역 동물에 대한 질문.
   열대우림과 같은 햇빛, 습기, 기온 속에 살고 있는가?
2. 극지방 동물에 대한 질문.
   뜨거운 공기와 높은 습도를 피할 수 있는 곳이 있나? 뜨거운 기후 속에 노출되어 있는가?
3. 사막 지역 동물에 대한 질문.
   잦은 비와 추운 기온에 노출되어 있는가?

특정 지역에서 온 동물들은 원래 살던 곳의 기후 환경에 맞게 지낼 수 있어야 한다. 왜냐하면 각각의 동물들은 특정한 환경에 수천 년에 걸쳐 적응했기 때문이다. 따라서 동물원에 갇혀 산다고 해도 야생 상태와 같은 환경 소선을 만들어 줘야 한다.

Rob Laidlaw

동물원 야생동물을 돕는 10가지 방법

1. 고통스러운 환경에 갇혀 지내는 동물원의 불쌍한 야생동물을 봤다면 동물보호단체, 야생동물 보호단체, 정부기관, 지역 정치인들에게 상황을 알린다. 상황을 알릴 수 있는 사진을 찍고 자세한 설명을 덧붙여서 동물이 처한 상황을 알린다.

2. 야생동물이 동물원과 아쿠아리움 등에서 어떤 공연을 하고 있는지를 조사한다. 동물들이 재주를 부리는 공연은 줄 위를 걷는 코끼리에서 뿔피리를 부는 바다사자에 이르기까지 다양하다. 많은 사람들의 노력으로 몇몇 동물원은 동물쇼를 중단했다.
3. 학생은 학교 게시판을 활용한다. 동물원 동물들이 어떤 고통을 받고 있는지, 동물원이 야생동물을 가두고 관리하는 것에 대해 문제를 제기하는 것이 왜 중요한지에 대해 자세히 설명하여 학교 게시판에 게시한다.
4. 문제가 많은 동물원에 대한 생각을 담아 편지쓰기 캠페인을 시작한다. 동물을 가둔 채 방치하거나 고통을 주는 길거리 동물원은 물론 문제 있는 동물원에 대한 생각을 편지에 써서 신문사, 정부기관, 동물복지단체, 동물원 소유주에게 보내는 운동을 뜻을 같이하는 주변 사람들과 함께한다.
5. 은퇴했거나 방치되었던 동물에게 영구적으로 안전한 집을 제공하는 야생동물 보호소를 후원한다. 하지만 후원하기 전에 먼저 후원할 보호소에 대해 꼼꼼하게 조사해야 한다. 사람들의 후원금을 받기만 하고 동물을 위해 아무것도 하지 않는 이름만 보호소인 곳도 많기 때문이다. 보호소에 있는 동물들을 살아 있는 동안 영원히 보살펴 줄 보호소라야 진정한 야생동물 보호소라고 할 수 있다.
6. 야생동물이 자신들의 자연적인 서식지에서 살아가도록 돕는 활동을 하는 동물보호단체에 가입한다.

Born Free USA united with Animal Protection Institute/Sarah Kite

7. 코끼리, 북극곰, 돌고래와 고래, 유인원 등은 왜 동물원에서 지내는 것이 적합하지 않은지 주변 사람에게 알린다. 이들이 필요로 하는 특별한 환경에 대해 알리고, 이런 특별한 환경을 갖추지 못한다면 동물원은 동물을 가두지 말아야 함을 알린다.

8. 동물원은 종종 사람들에게 동물원에 야생동물을 위한 새로운 우리를 짓는 데 필요한 돈을 기부하라고 한다. 하지만 아무리 공사를 한다고 해도 여전히 우리일 뿐 자연적인 서식지는 될 수 없다. 동물원에 갇힌 동물을 도우려면 동물원 대신 야생동물 보호소에 기부한다.

9. 야생동물을 보고 싶다면 동물원이 아니라 야생동물 보호소나 전문 시설을 찾는다. 가장 좋은 것은 자연 속에서 뛰노는 동물을 볼 수 있는 생태공원이나 자연 그대로의 산, 들, 바다 등이다. 이런 곳을 찾을 때는 멀리서 동물을 관찰할 수 있는 망원경과 안내책자를 챙긴다. 이런 곳에서 동물을 만나는 것이 동물원의 동물을 보는 것보다 훨씬 많은 것을 배울 수 있고, 걸으면서 관찰해야 하니 건강에도 좋다.

10. 동물원에 갇힌 야생동물을 보호하는 데 열심히 활동하는 단체에 가입해서 함께 활동한다. 국내 단체도 좋고, 국제적인 단체에 가입해도 된다.

세계 동물보호단체

갇혀 지내는 야생동물에 대한 좀 더 많은 정보를 얻을 수 있는 동물보호단체.

Animal Concerns Research and Education Society
www.acres.org.sg

Animals Asia Foundation
www.animalsasia.org

Born Free Foundation
www.bornfree.org.uk

Compassionate Crusaders Trust
http://animalcrusaders.org

Elephant Sanctuary
www.elephants.com

Environment and Animal Society of Taiwan
www.east.org.tw

Humane Society of the United States
www.hsus.org

In Defense of Animals
www.idausa.org

International Primate Protection League
www.ippl.org

People for the Ethical Treatment of Animals
www.peta.org
www.petaindia.com

Performing Animal Welfare Society
www.pawsweb.org

ProFauna Indonesia
www.profauna.or.id

SOS fauna
www.sosfauna.org

Tacugama Chimpanzee Sanctuary
www.tacugama.com

World Society for the Protection of Animals(WSPA)
www.wspa.org.uk

ZooCheck Canada
www.zoocheck.com

찾아보기

ㄱ

가비알 97
개방형 전시 공간 63
고래 48
고릴라 52
곰 30, 91
공립 동물원 58, 68
과잉 생산 78
구달, 제인 23, 62
기린 67
길거리 동물원 60, 74

ㄴ

나사뿔영양 90

ㄷ
더럴 야생동물 보호 트러스트 88
더럴, 제럴드 88
도마뱀 18
도태 46
돌고래 101
동물 복지 34, 37, 96
동물매매 중개업자 64, 67, 78
동물쇼 101

동물용 가구 31, 32
동물의 5대 자유 34, 37
동부로랜드고릴라 53
디트로이트 동물원 82

ㄹ

리버데일 동물원 10, 61
리카온 90

ㅁ

마운틴 뷰 보호번식 센터 90
매기의 친구들 47
멸종위기 동물 66
멸종위기종 야생동식물의
　　국제거래에 관한 협정 64
모르타르 55
모리셔스황조롱이 88
몰입 전시관 70
미국 동물원 및 수족관 협회 68

ㅂ

버클리, 캐럴 26, 92
벅, 프랭크 64
번식 프로그램 64, 66

범고래 48
보먼, 케리 52
북극곰 29, 41, 73
분홍비둘기 88
블랭크스타인, 고든 90
블레이스, 스콧 92
비정상적 반복행위 24

사구아로선인장 88
사파리 공원 동물원 60
사설 동물원 77
CITES 64
사자 79
서커스용 코끼리 92
세계보존연맹 64
숨을 곳 29
스테레오타이피 24
스트레스 29
시립 동물원 68
실버백 53, 55

아메리카독도마뱀 88

아시아 동물재단 92
아쿠아리움 59
ARK2000 84
아프리카들개 90
애리조나-소노라 사막 박물관 86
애완동물 매매업자 67
애완용 야생동물 79
야생동물 경매장 78
야생동물 공원 59
야생동물 보존 센터 58
야생동물 보호구역 58, 84
야생동물 보호소 101
오랑우탄 52
완다와 윙키 82
우두머리 암컷 44
원숭이 74
유인원 52
유피 73
이상행동 24

자연스런 행동 22
자해 29
재규어 77

저지 동물원 88

전기충격 69, 70

제인 구달 23, 62

종 경영 계획 66

중국 곰 구조 센터 91

지구 섬 연구소 49

진보적 동물원 86

창살 없는 동물원 62

체온과다 현상 41

침팬지 52

카사미티아나, 조르디 29

카후지-비에가 국립공원 53

케이건, 론 82

케이코 48

코끼리 26, 29, 45, 68

코끼리 관절염 27, 46

코끼리 발 염증 27, 46

코끼리 보호구역 92

콘크리트 55, 61, 63

큐비어가젤 90

키루, 위니 26

테네시 코끼리 보호구역 92

통제권 22

티어파크 하겐베크 62

페커리 87

피그미호그 89

하겐베크, 카를 62

하이테크 전시관 70

할 일 30

해양 공원 59

해자 62

현장 연구 과학자 62

환경 풍부화 31

휴먼 소사이어티 74

흑곰 30

흰코뿔소 65

역자 후기

"의미 있는 삶을 살고 싶은가 보구나."
내 이야기를 가만히 들어주던 오빠가 이렇게 대답했다. 짧고, 부드럽고, 진지한 대답이었다.

"살아지는 대로 살지 말고 살려는 대로 살라고 딸에게 말씀하셨대."
어느 소설가가 시집 가는 딸에게 해준 말이라며 직장 동료가 들려 주었다.

"모든 사람들은 기타를 칠 자유가 있다. 단, 기타를 이미 가지고 있다면."
어느 글에서 본 이 문장은 자유는 상황이 허락되어야 비로소 시작된다는 것을 가르쳐 주었다.

"가장 힘 없는 자도 자신보다 더 힘 없는 자를 도울 수 있다."
아베 피에르의 말은 타인에게 도움의 손을 내밀 때 더불어 나도 행복해진다는 것을 알려 주었다.

'행복이 문명의 척도가 된다면……' 이라고 끝맺음을 하던 TV 프로그램을 본 후 모든 존재가 삶의 의미를 스스로 찾고, 자유와 도움을 서로 나누며 사는 문명을 상상해 보았다. 우리의 문명은 얼마나 그것에 가까이 있을까?
지금껏 동물들의 권리를 위해 일을 해온 저자는 이 책을 쓰면서 어린이와 청소년들도 그의 독자로 초청했다. 행복의 척도가 되는 문명을 어린이와 청소년들이 만들어 나가기를 부탁하고 싶어서였을 것이다.

글을 옮기며 그의 부드럽고 담백한 말투를 제대로 옮겨 내지 못하는 내 부족한 한국어와 어수선한 마음밭이 미안했다. 인생에 있어서 성공의 참된 표시는 그 사람이 가지고 있는 부드러움과 성숙함이 성장하는 것이라는 간디의 말이 떠올랐다. 가슴 아픈 현실을 들려 주면서도 독자가 현실을 어떻게 바꾸어 갈 수 있을지 해결법을 제안하고 함께 힘써 보자 초청하는 그의 따듯하고 겸손한 목소리가 담긴 이 책을 번역하게 되어 기뻤다.

세상의 모든 어린이와 청소년, 어른과 동물이 자신의 환경과 공동체 속에서 의미 있고 행복하고 자유로운 삶을 살 수 있으면 좋겠다. 서로 손 내밀고 도와준다면 행복의 척도가 되는 문명을 시작해 볼 수 있지 않을까? 모든 동물과 인간이 자신의 고향에서 자신의 가족과 함께 자신의 문화를 누리며 자유롭고 행복하게 서로 도우면서 살아가는 그 문명에게로.

"어느 날 아침 눈 뜨면서 오늘부터는 나보다 더 불행한 이들을 위해 삶을 바치겠노라고 굳은 결심을 하지 마십시오. 나눔의 생활은 특별한 사회적 혁명에서 비롯되는 것이 아닙니다. 개인이 직면하게 되는 작은 선택들이 모이고, 결단과 참여가 확산되고, 여기에서 박애가 비롯되면 세상은 달라집니다." - 아베 피에르

캐나다에서 박성실

책공장더불어의 책

고통 받은 동물들의 평생 안식처 동물보호구역
(환경정의 올해의 어린이 환경책, 한국어린이교육문화연구원 으뜸책)
고통 받다가 구조되었지만 오갈 데 없었던 야생동물들의 평생 보금자리. 저자와 함께 전 세계 동물보호구역을 다니면서 행복하게 살고 있는 동물들을 만난다.

숲에서 태어나 길 위에 서다
(환경부 환경도서 출판 지원사업 선정)
한 해에 로드킬로 죽는 야생동물 200만 마리. 인간과 야생동물이 공존할 수 있는 방법을 찾는 현장 과학자의 야생동물 로드킬에 대한 기록.

동물복지 수의사의 동물 따라 세계 여행
(한국출판문화산업진흥원 중소출판사 우수콘텐츠 제작 지원 선정)
동물원에서 일하던 수의사가 동물원을 나와 세계 19개국 178곳의 동물원, 동물보호구역을 다니며 동물원의 존재 이유에 대해 묻는다. 동물에게 윤리적인 여행이란 어떤 것일까?

동물 쇼의 웃음 쇼 동물의 눈물
(한국출판문화산업진흥원 청소년 권장도서, 환경부 선정 우수환경도서)
동물 서커스와 전시, TV와 영화 속 동물 연기자, 투우, 투견, 경마 등 동물을 이용해서 돈을 버는 오락산업 속 고통받는 동물의 숨겨진 진실을 밝힌다.

인간과 동물, 유대와 배신의 탄생
(환경부 선정 우수환경도서, 환경정의 선정 올해의 환경책)
미국 최대의 동물보호단체 휴메인소사이어티 대표가 쓴 21세기 동물해방의 새로운 지침서. 농장동물, 산업화된 반려동물 산업, 실험동물, 야생동물 복원에 대한 허위 등 현대의 모든 동물학대에 대해 다루고 있다.

고등학생의 국내 동물원 평가 보고서
(환경부 선정 우수환경도서)
인간이 만든 '도시의 야생동물 서식지' 동물원에서는 무슨 일이 일어나고 있나? 국내 9개 주요 동물원이 종보전, 동물복지 등 현대 동물원의 역할을 제대로 하고 있는지 평가했다.

야생동물병원 24시
(어린이도서연구회에서 뽑은 어린이·청소년 책, 한국출판문화산업진흥원 청소년 북토큰 도서)
로드킬 당한 삵, 밀렵꾼의 총에 맞은 독수리, 건강을 되찾아 자연으로 돌아가는 너구리 등 대한민국 야생동물이 사람과 부대끼며 살아가는 슬프고도 아름다운 이야기.

사향고양이의 눈물을 마시다
(한국출판문화산업진흥원 우수출판 콘텐츠 제작지원 선정, 환경부 선정 우수환경도서, 학교도서관저널 추천도서, 국립중앙도서관 사서가 추천하는 휴가철에 읽기좋은 책, 환경정의 올해의 환경책)
내가 마신 커피 때문에 인도네시아 사향고양이가 고통받는다고? 나의 선택이 세계 동물에게 미치는 영향, 동물을 죽이는 것이 아니라 살리는 선택에 대해 알아본다.

동물은 전쟁에 어떻게 사용되나?
전쟁은 인간만의 고통일까? 자살폭탄 테러범이 된 개 등 고대부터 현대 최첨단 무기까지, 우리가 몰랐던 동물 착취의 역사.

동물들의 인간 심판
(대한출판문화협회 올해의 청소년 교양도서, 세종도서 교양 부문, 환경정의 청소년 환경책, 아침독서 청소년 추천도서, 학교도서관저널 추천도서)
동물을 학대하고, 학살하는 범죄를 저지른 인간이 동물 법정에 선다. 고양이, 돼지, 소 등은 인간의 범죄를 증언하고 개는 인간을 변호한다. 이 기묘한 재판의 결과는?

순종 개, 품종 고양이가 좋아요?
사람들은 예쁘고 귀여운 외모의 품종 개, 고양이를 좋아하지만 많은 품종 동물이 질병에 시달리다가 일찍 죽는다. 동물복지 수의사가 반려동물과 함께 건강하게 사는 법을 알려준다.

실험 쥐 구름과 별
동물실험 후 안락사 직전의 실험 쥐 20마리가 구조되었다. 일반인에게 입양된 후 평범하고 행복한 시간을 보낸 그들의 삶을 기록했다.

동물학대의 사회학 (학교도서관저널 올해의 책)
동물학대와 인간폭력 사이의 관계를 설명한다. 페미니즘 이론 등 여러 이론적 관점을 소개하면서 앞으로 동물학대 연구가 나아갈 방향을 제시한다.

동물주의 선언
현재 가장 영향력 있는 정치철학자가 쓴 인간과 동물이 공존하는 사회로 가기 위한 철학적·실천적 지침서.

묻다
구제역, 조류독감으로 거의 매년 동물의 살처분이 이뤄진다. 저자는 4,800곳의 매몰지 중 100여 곳을 수년에 걸쳐 찾아다니며 기록한 유일한 사람이다. 그가 우리에게 묻는다. 우리는 동물을 죽일 권한이 있는가.

똥으로 종이를 만드는 코끼리 아저씨 (환경부 선정 우수환경도서, 한국출판문화산업진흥원 청소년 권장도서, 서울시교육청 어린이도서관 여름방학 권장도서, 한국출판문화산업진흥원 청소년 북토큰 도서)
코끼리 똥으로 만든 재생종이 책. 코끼리 똥으로 종이와 책을 만들면서 사람과 코끼리가 평화롭게 살게 된 이야기를 코끼리 똥 종이에 그려냈다.

후쿠시마에 남겨진 동물들
(미래창조과학부 선정 우수과학도서, 환경부 선정 우수환경도서, 환경정의 청소년 환경책 권장도서, 꿈꾸는도서관 청소년 추천도서)
2011년 3월 11일, 대지진에 이은 원전 폭발로 사람들이 떠난 일본 후쿠시마. 다큐멘터리 사진작가가 담은 '죽음의 땅'에 남겨진 동물들의 슬픈 기록.

후쿠시마의 고양이 (한국어린이교육문화연구원 으뜸책)
2011년 동일본 대지진 이후 5년. 사람이 사라진 후쿠시마에서 살처분 명령이 내려진 동물을 죽이지 않고 돌보고 있는 사람과 함께 사는 두 고양이의 모습을 담은 평화롭지만 슬픈 사진집.

채식하는 사자 리틀타이크
(아침독서 추천도서, 교육방송 EBS 〈지식채널e〉 방영)
육식동물인 사자 리틀타이크는 평생 피 냄새와 고기를 거부하고 채식 사자로 살며 개, 고양이, 양 등과 평화롭게 살았다. 종의 본능을 거부한 채식 사자의 9년간의 아름다운 삶의 기록.

대단한 돼지 에스더 (학교도서관저널 추천도서)
인간과 동물 사이의 사랑이 얼마나 많은 것을 변화시킬 수 있는지 알려 주는 놀라운 이야기. 300킬로그램의 돼지 덕분에 파티를 좋아하던 두 남자가 채식을 하고, 동물보호 활동가가 되는 놀랍고도 행복한 이야기.

우주식당에서 만나 (한국어린이교육문화연구원 으뜸책)
2010년 볼로냐 어린이도서전에서 올해의 일러스트레이터로 선정되었던 신현아 작가가 반려동물과 함께 사는 이야기를 네 편의 작품으로 묶었다.

동물을 위해 책을 읽습니다
(한국출판문화산업진흥원 출판 콘텐츠 창작자금지원 선정)
우리는 동물이 인간을 위해 사용되기 위해서만 존재하는 것처럼 살고 있다. 우리는 우리가 사랑하고, 함께 입고 먹고 즐기는 동물과 어떤 관계를 맺어야 할까? 100여 편의 책 속에서 길을 찾는다.

동물을 만나고 좋은 사람이 되었다
(한국출판문화산업진흥원 출판 콘텐츠 창작자금지원 선정)
개, 고양이와 살게 되면서 반려인은 동물의 눈으로, 약자의 눈으로 세상을 보는 법을 배운다. 동물을 통해서 알게 된 세상 덕분에 조금 불편해졌지만 더 좋은 사람이 되어 가는 개·고양이에 포섭된 인간의 성장기.

동물에 대한 예의가 필요해
일러스트레이터인 저자가 지금 동물들이 어떤 고통을 받고 있는지, 우리는 그들과 어떤 관계를 맺어야 하는지 그림을 통해 이야기한다. 냅킨에 쓱쓱 그린 그림을 통해 동물들의 목소리를 들을 수 있다.

동물을 위해 책을 읽습니다
(한국출판문화산업진흥원 출판 콘텐츠 창작자금지원 선정)
우리는 동물이 인간을 위해 사용되기 위해서만 존재하는 것처럼 살고 있다. 우리는 우리가 사랑하고, 함께 입고 먹고 즐기는 동물과 어떤 관계를 맺어야 할까? 100여 편의 책 속에서 길을 찾는다.

고양이 질병에 관한 모든 것
40년간 3번의 개정판을 낸 고양이 질병 책의 바이블. 고양이가 건강할 때, 이상 증상을 보일 때, 아플 때 등 모든 순간에 곁에 두고 봐야 할 책이다. 질병의 예방과 관리, 증상과 징후, 치료법에 대한 모든 해답을 완벽하게 찾을 수 있다.

우리 아이가 아파요! 개·고양이 필수 건강 백과
새로운 예방접종 스케줄부터 우리나라 사정에 맞는 나이대별 흔한 질병의 증상·예방·치료·관리법, 나이 든 개, 고양이 돌보기까지 반려동물을 건강하게 키울 수 있는 필수 건강백서.

개, 고양이 사료의 진실
미국에서 스테디셀러를 기록하고 있는 책으로 반려동물 사료에 대한 알려지지 않은 진실을 폭로한다. 2007년도 멜라민 사료 파동 취재까지 포함된 최신판이다.

개·고양이 자연주의 육아백과
세계적 홀리스틱 수의사 피케른의 개와 고양이를 위한 자연주의 육아백과. 40만 부 이상 팔린 베스트셀러로 반려인, 수의사의 필독서. 최상의 식단, 올바른 생활습관, 암, 신장염, 피부병 등 각종 병에 대한 세세한 대처법도 자세히 수록되어 있다.

펫로스 반려동물의 죽음 (아마존닷컴 올해의 책)
동물 호스피스 활동가 리타 레이놀즈가 들려주는 반려동물의 죽음과 무지개 다리 너머의 이야기. 펫로스(pet loss)란 반려동물을 잃은 반려인의 깊은 슬픔을 말한다.

강아지 천국
반려견과 이별한 이들을 위한 그림책. 들판을 뛰놀다가 맛있는 것을 먹고 잠들 수 있는 곳에서 행복하게 지내다가 천국의 문 앞에서 사람 가족이 오기를 기다리는 무지개 다리 너머 반려견의 이야기.

고양이 천국 (어린이도서연구회에서 뽑은 어린이·청소년 책)
고양이와 이별한 이들을 위한 그림책. 실컷 놀고 먹고 자고 싶은 곳에서 잘 수 있는 곳. 그러다가 함께 살던 가족이 그리울 때면 잠시 다녀가는 고양이 천국의 모습을 그려냈다.

깃털, 떠난 고양이에게 쓰는 편지
프랑스 작가 클로드 앙스가리가 먼저 떠난 고양이에게 보내는 편지. 한 마리 고양이의 삶과 죽음, 상실과 부재의 고통, 동물의 영혼에 대해서 써 내려간다.

고양이 그림일기 (한국출판문화산업진흥원 이달의 읽을 만한 책)
장군이와 흰둥이, 두 고양이와 그림 그리는 한 인간의 일 년치 그림일기. 종이 다른 개체가 서로의 삶의 방법을 존중하며 사는 잔잔하고 소소한 이야기.

고양이 임보일기
《고양이 그림일기》의 이새벽 작가가 새끼 고양이 다섯 마리를 구조해서 입양 보내기까지의 시끌벅적한 임보 이야기를 그림으로 그려냈다.

고양이는 언제나 고양이였다
고양이를 사랑하는 나라 터키의, 고양이를 사랑하는 글작가와 그림작가가, 고양이에게 보내는 러브레터. 고양이를 통해서 세상을 보는 사람들을 위한 아름다운 고양이 그림책이다.

임신하면 왜 개, 고양이를 버릴까?
임신, 출산으로 반려동물을 버리는 나라는 한국이 유일하다. 세대 간 문화충돌, 무책임한 언론 등 임신, 육아로 반려동물을 버리는 사회현상에 대한 분석과 안전하게 임신, 육아 기간을 보내는 생활법을 소개한다.

개 피부병의 모든 것
홀리스틱 수의사인 저자는 상업사료의 열악한 영양과 과도한 약물사용을 피부병 증가의 원인으로 꼽는다. 제대로 된 피부병 예방법과 치료법을 제시한다.

버려진 개들의 언덕
인간에 의해 버려져서 동네 언덕에서 살게 된 개들의 이야기. 새끼를 낳아 키우고, 사람들에게 학대를 당하고, 유기견 추격대에 쫓기면서도 치열하게 살아가는 생명들의 2년 간의 관찰기.

유기동물에 관한 슬픈 보고서
(환경부 선정 우수환경도서, 어린이도서연구회에서 뽑은 어린이·청소년 책, 한국간행물윤리위원회 좋은 책, 어린이문화진흥회 좋은 어린이책)
동물보호소에서 안락사를 기다리는 유기견, 유기묘의 모습을 사진으로 담았다. 인간에게 버려져 죽임을 당하는 그들의 모습을 통해 인간이 애써 외면하는 불편한 진실을 고발한다.

책공장더불어 http://blog.naver.com/animalbook 페이스북 @animalbook4 인스타그램 @animalbook.modoo

유기견 입양 교과서
보호소에 입소한 유기견은 안락사와 입양이라는 생사의 갈림길 앞에 선다. 이들에게 입양이라는 선물을 주기 위해서 활동가, 봉사자, 임보자가 어떻게 교육하고 어떤 노력을 해야 하는지 차근차근 알려준다.

노견 만세
퓰리처상을 수상한 글 작가와 사진 작가의 사진 에세이. 저마다 생애 최고의 마지막 나날을 보내는 노견들에게 보내는 찬사.

개.똥.승. (세종도서 문학나눔 도서)
어린이집의 교사이면서 백구 세 마리와 사는 스님이 지구에서 다른 생명체와 더불어 좋은 삶을 사는 방법, 모든 생명이 똑같이 소중하다는 진리를 유쾌하게 들려준다.

암 전문 수의사는 어떻게 암을 이겼나
암에 걸린 암 수술 전문 수의사가 동물 환자들을 통해 배운 질병과 삶의 기쁨에 관한 이야기가 유쾌하고 따뜻하게 펼쳐진다.

치료견 치로리 (어린이문화진흥회 좋은 어린이책)
비 오는 날 쓰레기장에 버려진 잡종개 치로리. 죽음 직전 구조된 치로리는 치료견이 되어 전신마비 환자를 일으키고, 은둔형 외톨이 소년을 치료하는 등 기적을 일으킨다.

사람을 돕는 개
(한국어린이교육문화연구원 으뜸책, 학교도서관저널 추천도서)
안내견, 청각장애인 도우미견 등 장애인을 돕는 도우미견과 인명구조견, 흰개미탐지견, 검역견 등 사람과 함께 맡은 역할을 해내는 특수견을 만나본다.

개가 행복해지는 긍정교육
개의 심리와 행동학을 바탕으로 한 긍정 교육법으로 50만 부 이상 판매된 반려인의 필독서이다. 짖기, 물기, 대소변 가리기, 분리불안 등의 문제를 평화롭게 해결한다.

용산 개 방실이
(어린이도서연구회에서 뽑은 어린이·청소년 책, 평화박물관 평화책)
용산에도 반려견을 키우며 일상을 살아가던 이웃이 살고 있었다. 용산 참사로 갑자기 아빠가 떠난 뒤 24일간 음식을 거부하고 스스로 아빠를 따라간 반려견 방실이 이야기.

동물과 이야기하는 여자
SBS 〈TV 동물농장〉에 출연해 화제가 되었던 애니멀 커뮤니케이터 리디아 히비가 20년간 동물들과 나눈 감동의 이야기. 병으로 고통받는 개, 안락사를 원하는 고양이 등과 대화를 통해 문제를 해결한다.

나비가 없는 세상 (어린이도서연구회에서 뽑은 어린이·청소년 책)
고양이 만화가 김은희 작가가 그려내는 한국 최고의 고양이 만화. 신디, 페르캉, 추새. 개성 강한 세 마리 고양이와 만화가의 달콤쌉싸래한 동거 이야기.

인간과 개, 고양이의 관계심리학
함께 살면 개, 고양이는 닮을까? 동물학대는 인간학대로 이어질까? 248가지 심리실험을 통해 알아보는 인간과 동물이 서로에게 미치는 영향에 관한 심리 해설서.

개에게 인간은 친구일까?
인간에 의해 버려지고 착취당하고 고통받는 우리가 몰랐던 개 이야기. 다양한 방법으로 개를 구조하고 보살피는 사람들의 이야기가 그려진다.

햄스터
햄스터를 사랑한 수의사가 쓴 햄스터 행복·건강 교과서. 습성, 건강관리, 건강 식단 등 햄스터 돌보기 완벽 가이드.

토끼
토끼를 건강하고 행복하게 오래 키울 수 있도록 돕는 육아 지침서. 습성·식단·행동·감정·놀이·질병 등 모든 것을 담았다.

동물원 동물은 행복할까?

초판 1쇄 2012년 5월 18일
초판 11쇄 2022년 3월 22일

지은이 로브 레이들로
옮긴이 박성실

펴낸이 김보경
펴낸곳 책공장더불어
편 집 김보경
교 정 김수미

디자인 add+
인 쇄 정원문화인쇄

책공장더불어

주 소 서울시 종로구 혜화동 5-23
대표전화 (02)766-8406
팩 스 (02)766-8407
이메일 animalbook@naver.com
홈페이지 http://blog.naver.com/animalbook **페이스북** @animalbook4 **인스타그램** @animalbook_modoo
출판등록 2004년 8월 26일 제300-2004-143호

ISBN 978-89-97137-01-5 (03490)

*잘못된 책은 바꾸어 드립니다.
*값은 뒤표지에 있습니다.